RECHERCHES

SUR LE

SPECTRE SOLAIRE ULTRA-VIOLET

ET SUR LA

DÉTERMINATION DES LONGUEURS D'ONDE

PAR

M. E. MASCART,

Ancien élève de l'École Normale
Agrégé de l'Université, Docteur ès sciences,
Préparateur d'histoire naturelle à l'École Normale.

PARIS

IMPRIMÉ PAR E. THUNOT ET Cie,

26, RUE RACINE.

1864

RECHERCHES

SUR

LE SPECTRE SOLAIRE ULTRA-VIOLET.

—————o⟊⟊oo—————

HISTORIQUE.

L'étude du spectre solaire a acquis une importance de
premier ordre depuis les expériences de **M.** Kirchhoff; il
semble donc inutile d'insister sur l'intérêt qu'il y a à pour-
suivre ce genre de recherches et à étendre le champ des
observations. Dans un travail célèbre sur la détermination
des pouvoirs réfringents et dispersifs de diverses substances,
Frauenhofer (1) eut l'idée de chercher s'il n'y aurait pas
dans le spectre solaire des points de repère constants, afin de
définir avec rigueur les rayons dont il mesurait les indices
de réfraction. Le succès a dépassé son attente; car il suffit
de produire un spectre pur par une des méthodes qu'indique
Newton (2), pour le voir sillonné d'une multitude de lignes
noires, plus ou moins larges, plus ou moins obscures, per-
pendiculaires à la longueur du spectre. Ces raies obscures,

(1) Schumacher's *Astronomische Abhandlungen.* — 2ᵉ partie.
(2) *Traité d'optique.* — 4ᵉ prop.

1

qui indiquent dans la lumière du soleil l'absence ou au moins le faible éclat des rayons de certaines réfrangibilités, paraissent en nombre illimité et se succèdent toujours dans le même ordre; mais, comme la dispersion n'est pas la même pour toutes les substances réfringentes, leurs distances relatives varient avec la nature du prisme que l'on emploie.

Frauenhofer a choisi pour points de repère huit des raies les plus remarquables, échelonnées dans toute l'étendue du spectre, et il les a désignées par les premières lettres de l'alphabet.

En deçà de la raie A, qui termine pour Frauenhofer l'extrémité rouge du spectre lumineux, il y a un second spectre de rayons moins réfrangibles, qui sont seulement calorifiques; mais les procédés d'observation ne sont pas assez délicats pour que l'on ait pu y constater jusqu'ici des minima de chaleur, des raies *froides* analogues aux raies obscures. C'est à peine si, en s'entourant des plus grandes précautions, on a pu prolonger un peu le rouge du spectre et y découvrir quelques raies moins réfrangibles que la raie A ; M. Brewster les a désignées par les dernières lettres de l'alphabet (1).

Le violet extrême s'étend un peu plus loin que la raie H, à partir de laquelle Frauenhofer indique encore quelques raies dont l'observation directe est très-difficile. Mais, au delà de cette région, il existe un nouveau spectre de rayons plus réfrangibles, qui partagent avec une partie des rayons lumineux la propriété d'agir chimiquement sur certaines substances facilement altérables. Scheele (2) a démontré, le premier, que le chlorure d'argent, exposé à l'action d'un spectre pris-

(1) *Philos. transact.*, 1860.
(2) *Traité chimique de l'air et du feu*, § 66. — 1781.

matique ordinaire, noircit plus dans le violet que dans toute autre couleur. Wollaston (1), qui avait déjà aperçu, avant Frauenhofer, quelques raies obscures dans le spectre solaire, répéta cette expérience de Scheele, et trouva que l'altération du chlorure d'argent s'étend non-seulement sur tout l'espace occupé par le violet, mais encore à un égal degré, et sur une surface à peu près égale, au delà du spectre visible.

Peu de temps après la découverte de la photographie, J. Herschel (2) reprit cette question et remarqua que les diverses substances sensibles, que l'on expose à l'action du spectre, se comportent très-inégalement. L'intensité maximum de la décomposition chimique a lieu tantôt dans une couleur, tantôt dans une autre, quelquefois même en dehors du spectre, et toujours l'action se continue au delà du violet. Herschel rechercha le premier, mais sans succès, s'il existe des espaces inactifs dans le spectre chimique, en exposant à l'action d'un spectre du papier photographique préparé suivant le procédé de Talbot. Il observa en même temps que ces rayons très-réfrangibles ne sont pas complétement invisibles; ils produisent sur l'œil une sensation qui n'est pas celle du violet ni d'aucune autre nuance prismatique, mais plutôt de cette couleur qu'on appelle communément gris lavande. Il proposa d'appliquer l'épithète de *lavandes* aux rayons qui produisent la teinte en question, pour abréger, dit-il, l'expression malsonnante de *rayons ultra-violets*, et pour éviter l'ambiguïté attachée aux termes

(1) *Phil. trans.*, 1802.
(2) *Phil. trans.*, 1840.

rayons chimiques, lesquels existent dans toutes les régions du spectre.

M. Ed. Becquerel (1) fut plus heureux et réussit à démontrer l'existence de raies chimiques inactives. Sa méthode consiste à projeter sur un écran un spectre produit par un prisme de flint-glass très-pur et une lentille de 1 mètre de foyer. La lentille est placée immédiatement derrière le prisme, à 2 mètres de la fente par laquelle entrent les rayons solaires; l'écran, situé à 2 mètres environ de la lentille, est disposé de manière à recevoir les diverses substances sur lesquelles on veut faire agir le spectre (papier sensible, plaque d'argent iodurée, etc...). Après une exposition plus ou moins longue, on trouve sur l'épreuve un très-grand nombre de raies qui indiquent des minima d'action chimique. « Si on les dessine, dit M. Becquerel, et qu'on mesure « exactement leurs distances respectives, on reconnaît « qu'entre A et H ce sont les mêmes raies que pour les « rayons lumineux et identiquement aux mêmes distances; « seulement nous ne voyons dans le spectre chimique que les « grosses raies et les moyennes; il est presque impossible de « produire les plus fines raies par projection, car le spectre « ainsi obtenu n'est jamais aussi net que vu à travers une « lunette, et la raison en est toute simple, car pour chaque « rayon le foyer de la lentille change. Cependant on voit « qu'il est certain que les mêmes raies existent dans le spectre « lumineux et dans le spectre chimique, et que la même cause « qui a déterminé la production des raies dans le spectre « solaire a déterminé aussi celles du spectre chimique.

1) *Bibl. univ. de Genève*, t. XI., 1842.

« Au delà de H, le spectre chimique a une infinité de
« raies. Jusqu'en M à peu près, elles sont encore les mêmes
« que celles du spectre lumineux; mais au delà les rayons
« lumineux s'affaiblissent toujours, on ne peut plus les com-
« parer; il est probable cependant que si ces derniers
« s'étendaient au delà, on retrouverait les mêmes raies que
« celles du spectre que nous allons décrire.

« D'abord, après les deux raies H, on voit un très-grand
« nombre de raies, et parmi celles-ci une raie I très-large,
« formée de la réunion d'un grand nombre de raies plus
« petites. Après elles, en M, viennent quatre raies remar-
« quables par leur netteté ; elles sont égales en grosseur et
« à peu près à égale distance ; la dernière seule est un peu
« plus éloignée. Ces quatre raies sont situées jusqu'à la limite
« des derniers rayons lumineux gris violets. Au delà de ces
« raies, en N, se trouvent quatre autres raies plus fortes
« que les précédentes, presque égales entre elles, la qua-
« trième un peu plus large que les autres. Il existe en O deux
« grosses raies, à la même distance entre elles que les deux
« raies H, la première étant un peu plus forte que la seconde ;
« ensuite viennent d'autres fortes raies, parmi lesquelles
« on distingue la raie P, qui est très-forte et très-noire ; après
« celle-ci il y en a d'autres, mais à peine distinctes, car P
« est presque la limite à laquelle s'étend l'action chimique. »

M. Becquerel appelle spectre phosphorogénique l'ensemble
des rayons qui produisent les phénomènes de phosphores-
cence. Ce spectre se prolonge aussi au delà du violet, et
possède des raies identiques aux raies lumineuses et aux
raies chimiques.

Le phénomène de la fluorescence fournit un nouveau

moyen d'étudier ces radiations très-réfrangibles. En effet,
M. Stokes (1) a découvert que si l'on projette un spectre
lumineux sur certaines substances, telles qu'une dissolution
de sulfate de quinine, la teinture de curcuma et des verres
colorés par l'oxyde d'urane, ces substances deviennent lumineuses, et la couleur des rayons ainsi diffusés est toujours
moins réfrangible que la lumière incidente. Mais ce qui nous
intéresse plus particulièrement, c'est que les rayons ultra-
violets sont éminemment aptes à produire la fluorescence, et
la réfrangibilité des rayons diffusés diminue assez pour qu'ils
deviennent lumineux et visibles. Si l'on reçoit un spectre pur
sur un vase plein d'une dissolution de sulfate de quinine, la
lumière bleue diffusée s'étend au delà du violet, mais elle
présente aussi des bandes obscures correspondant aux principales raies que l'on avait déjà trouvées dans le spectre
chimique. M. Stokes a donné un dessin de ces bandes obscures, telles qu'elles se présentent dans ses expériences, et
ce dessin a présenté les plus grandes analogies avec celui
de M. E. Becquerel.

En même temps, M. Stokes a remarqué que les verres ordinaires absorbent une grande partie des rayons les plus réfrangibles, et que le quartz est de tous les corps transparents
celui qui les laisse passer avec le plus de facilité. Il se servit
donc, dans ses expériences, d'un prisme et d'une lentille de
quartz, taillés de manière que le faisceau lumineux les traver-
sât sensiblement dans la direction de l'axe optique, afin
d'éviter les effets de la double réfraction. Aussi son dessin
s'étend-il un peu plus loin que celui que M. Becquerel a ob-

(1) *Phil. trans.*, 1852. — *Ann. de chim. et de phys.*, t. XXXVIII.

tenu avec un prisme et une lentille en flint-glass; il va à peu près jusqu'à la raie Q.

Le procédé de vision directe, indiqué par Herschel, peut être appliqué à l'observation des rayons ultra-violets, si l'on a recours à un appareil entièrement composé de quartz. M. Helmholtz (1) a pu reconnaître ainsi à l'œil nu toutes les raies dont M. Stokes et M. E. Becquerel ont démontré l'existence. Dans une de ses expériences, il emploie un prisme de quartz de 50°, taillé comme celui de M. Stokes; l'axe optique est dirigé suivant une perpendiculaire au plan bissecteur de l'angle réfringent, de façon que dans la position du minimum de déviation, le prisme ne donne naissance qu'à un seul spectre. Derrière le prisme est placée une lentille d'environ 50 centimètres de distance focale, dont l'axe optique coïncide avec l'axe de figure. La lumière étant introduite dans la chambre obscure par une large ouverture rectangulaire, il se produit au foyer conjugué de l'ouverture un spectre très-intense, mais très-impur. Une portion très-limitée de ce spectre est isolée par une fente étroite et reçue sur un deuxième prisme de quartz, derrière lequel l'œil est placé pour observer directement le phénomène. Cette disposition met à l'abri de toute lumière étrangère, et permet de voir les rayons les plus déviés, dont la couleur paraît d'un gris bleuâtre sans aucun mélange de pourpre. Toutefois, il est difficile de déterminer exactement la position des raies, à cause de la variation considérable qu'éprouve la distance de vision distincte pour ces radiations si réfrangibles; pour arriver à cette détermination, il a fallu modifier

---

(1) *Poggendorf's annalen,* t. XCIV. — *Ann. de chim. et de phys.,* t. XLIV.

l'arrangement des expériences de la manière suivante.

La lumière solaire est introduite dans la chambre obscure par une fente très-étroite, de façon que le premier prisme et la première lentille donnent un spectre très-pur. Dans la portion de ce spectre plus réfrangible que le violet, on place une fente large qu'on regarde au travers d'un second prisme de quartz. On pourrait voir les raies en écartant l'œil de la large fente jusqu'à la distance de vision distincte; mais, pour obtenir un meilleur résultat, on revient au procédé de M. Stokes en remplaçant la fente par un morceau de papier trempé dans une dissolution de sulfate de quinine; les raies apparaissent plus nettement et indiquent la portion du spectre soumise à l'expérience. On reconnaît ainsi que tous les rayons qui sont rendus perceptibles par la fluorescence du sulfate de quinine sont visibles directement par l'œil.

M. Esselbach (1) a apporté aux appareils une légère modification qui permet d'éviter l'emploi du sulfate de quinine dans la dernière expérience de M. Helmholtz. On supprime la première lentille et on la remplace par un écran sur lequel se produit un spectre impur. Cet écran, percé d'une fente large dans la région ultra-violette du spectre, laisse passer un faisceau de rayons non homogènes que l'on reçoit à une certaine distance sur un second prisme de quartz entouré luimême d'un large écran, afin d'écarter toute lumière étrangère. Derrière ce second prisme, et dans la direction des rayons réfractés, est placée une lunette astronomique dont l'objectif et l'oculaire sont en quartz taillé comme toutes les lentilles dont nous avons déjà parlé. Il se forme dans la lu-

____

(1) Pogg. annalen, t. XCVIII. — Ann. de chim. et de phys., t. L.

nette, au foyer conjugué de la première fente, un spectre pur que l'on observe avec l'oculaire.

On réussit mieux encore en laissant entrer la lumière solaire par une large ouverture rectangulaire, et en perçant une fente étroite dans le premier écran sur lequel se produit un spectre impur. Dans ce cas, la lunette est aussi éloignée que possible de la fente étroite afin de pouvoir la mettre au point. Le spectre que l'on aperçoit alors comprend tous les rayons qui communiquent la fluorescence au sulfate de quinine, se prolonge encore plus loin, et les raies y sont assez nettement visibles. M. Esselbach a désigné par les lettres Q et R deux nouveaux groupes de raies obscures situés dans cette région.

La dernière méthode lui permettait en outre de mesurer les indices de réfraction à la manière ordinaire, car sa lunette était montée sur un cercle de théodolite. Il s'est servi d'un prisme isocèle en quartz; l'axe optique était perpendiculaire au plan bissecteur du plus petit angle réfringent, lequel était d'environ 50°, et il a mesuré les déviations du spectre ordinaire sur les trois angles du prisme. Toutefois les mesures de M. Esselbach ne doivent pas être très-précises, car elles diffèrent notamment de celles de Rudberg (1) pour les rayons lumineux, et les résultats de Rudberg paraissent très-exacts. En effet, les verniers du théodolite ne donnaient que la minute, et, si le dessin publié par M. Esselbach représente exactement le phénomène qu'il avait sous les yeux, ce dessin est évidemment trop imparfait pour que les expériences comportent une grande exactitude.

____

(1) *Pogg. ann.*, XIV.

Enfin plusieurs physiciens, MM. Draper (1), Karsten, W. A. Miller (2), ont répété l'expérience de M. Becquerel et reproduit par la photographie les raies du spectre ultra-violet, sans apporter à la méthode d'autre perfectionnement que la substitution d'un prisme et d'une lentille de quartz aux appareils de flint; leurs dessins ne présentent rien de remarquable pour l'étendue du spectre ni pour la finesse des détails.

M. Müller (3), qui s'est occupé aussi de la même question, a fait une remarque utile, c'est que si l'on projette le spectre solaire sur un écran à l'aide d'un appareil en quartz dont la lentille n'est pas achromatique, les foyers des différentes raies se forment à des distances très-variables, et l'on ne peut reproduire nettement qu'une région assez limitée du spectre ultra-violet. En outre, l'intensité de l'action chimique diminue continuellement à mesure que les rayons deviennent plus réfrangibles, le temps d'exposition de la plaque sensible doit donc varier aussi, si l'on veut obtenir de bonnes épreuves. M. Müller a reproduit séparément plusieurs parties du spectre ultra-violet en changeant chaque fois la distance de l'écran et la durée d'exposition; il a ensuite réuni sur un dessin les portions les plus distinctes des différentes épreuves partielles. Ce dessin s'étend aussi loin que celui de M. Esselbach, la pureté en est assez grande pour qu'il renferme environ 70 raies obscures plus réfrangibles que la raie H; mais la dernière région présente des groupes assez confus.

Nous pouvons maintenant résumer en quelques mots les

(1) *Phil. trans.*, 1859.
(2) *Phil. trans.*, 1862.
(3) Muller-Pouillet's, *Lehrbuch der Physik*, 1865.

résultats acquis par les travaux que nous venons d'analyser rapidement.

Il y a, au delà du spectre solaire lumineux, dont les raies obscures ont été décrites par Frauenhofer, Brewster et M. Kirchhoff, un spectre très-étendu de rayons plus réfrangibles, dont l'observation directe est difficile vu leur faible éclat, mais qui peuvent, comme les rayons lumineux voisins, produire les phénomènes de fluorescence et agir chimiquement sur les substances altérables à la lumière.

Les expériences de MM. Becquerel, Stokes, Helmholtz ont démontré que ces trois propriétés, lumière, action chimique, fluorescence, sont inséparables. Ce sont des manifestations diverses des radiations d'une même réfrangibilité ; elles disparaissent en même temps, et les minima d'action ou les raies du spectre solaire sont absolument identiques, quelle que soit celle des trois propriétés qui ait servi à les reconnaître. Pour éviter toute ambiguïté, nous continuerons d'appeler *rayons ultra-violets, spectre ultra-violet*, l'ensemble des radiations dont la réfrangibilité est plus grande que celle de la raie H de Frauenhofer.

Les beaux travaux de M. Kirchhoff m'ont inspiré l'idée de chercher si l'étude du spectre ultra-violet n'est pas susceptible de la même perfection. On pourrait ainsi, dans plusieurs questions d'optique, doubler l'espace qui renferme les rayons accessibles à l'expérience et vérifier les lois physiques entre des limites beaucoup plus éloignées. Mais, n'y eût-il aucune utilité pratique immédiate, l'observation des raies inactives qui se trouvent au delà du violet n'en est pas moins digne d'attention. « La résolution de ces bandes confuses, dit M. Kirchhoff, me paraît présenter le

— 12 —

« même intérêt que la résolution des nébuleuses du firma-
« ment, et la connaissance exacte du spectre solaire ne me
« semble pas offrir une importance moindre que l'étude
« des étoiles fixes. »

Je me suis proposé de résoudre deux questions : 1° étudier et dessiner les raies inactives du spectre solaire ultra-
violet ; 2° mesurer les déviations avec toute l'exactitude dé-
sirable.

Le phénomène de la fluorescence ne m'a pas paru un
procédé assez délicat, je ne l'ai pas essayé. La méthode de
vision directe, imaginée par M. Helmholtz, et appliquée par
M. Esselbach, permet sans doute de mesurer les déviations
par les procédés ordinaires ; mais l'éclat des rayons ultra-
violets est extrêmement faible, l'observation en est fatigante,
et, quant aux raies obscures, on ne peut les voir que sous la
forme de groupes assez mal définis. Dès les premiers essais,
j'ai été obligé de renoncer à ce mode d'observation, j'ai
donc eu recours aux moyens photographiques ; j'y étais
d'ailleurs préparé par quelques essais antérieurs sur les radiations chimiques qu'émettent les flammes colorées par la
volatilisation des sels (1). J'ai cru que l'étude du soleil devait
précéder celle des lumières artificielles et des vapeurs métalliques.

(1) *Revue des Sociétés savantes*, août 1862. — *Journal l'Institut*, mai 1863.

ÉTUDE DU SPECTRE SOLAIRE ULTRA-VIOLET.

La méthode que j'ai employée peut s'énoncer en deux mots, elle consiste à recevoir sur une plaque sensible le spectre très-petit qui se forme au foyer de la lunette dans un spectroscope ; c'est le même spectre qu'on examine avec une loupe grossissante quand il s'agit de rayons lumineux.

Je me suis servi d'un goniomètre de Babinet (fig. 8), que j'avais fait construire par MM. Brunner pour d'autres expériences. Les lentilles achromatiques du collimateur et de la lunette ont été remplacées par deux lentilles de quartz dans lesquelles l'axe optique du cristal coïncide avec l'axe de figure. Pour la raie D, l'objectif du collimateur a une distance focale principale d'environ $213^{mm},2$, et celui de la lunette de $292^{mm},5$.

Dans le corps de la lunette peut glisser un tube de cuivre qui porte un réticule à fils croisés, et une crémaillère engrenant avec une vis, pour amener lentement le réticule dans le plan où se produit une image nette. Ce tube est terminé par une douille dans laquelle glisse un oculaire positif de Ramsden, composé de deux loupes, et que l'on enfonce jusqu'au moment où l'on aperçoit le réticule avec netteté. On a enlevé la lentille intérieure de l'oculaire et on l'a remplacée par une petite monture métallique A (fig. 2), vissée sur le même écrou que le barillet de la lentille. Sur cette monture, on peut placer une petite plaque de verre circulaire, qui se trouve emprisonnée dans un rebord métallique annulaire de même diamètre, dont la hauteur est un peu plus petite que l'épaisseur de la plaque. Ce rebord est percé, aux extrémités d'un même diamètre, de deux échancrures qui permettent d'enlever la plaque de verre; enfin le tout est recouvert d'un chapeau annulaire B, qui glisse à frottement dur sur la face extérieure du rebord précédent et maintient la plaque en position. Une dernière précaution à prendre, c'est que la plaque ne puisse jamais s'enfoncer assez loin dans la lunette pour toucher le plan du réticule et briser les fils d'araignée qui y sont tendus.

Supposons maintenant qu'on observe avec la lunette un objet quelconque dont l'image se produise nettement dans le plan du réticule, recouvrons la plaque de verre d'une substance impressionnable, et, après avoir enlevé l'oculaire, enfonçons ce petit appareil dans la lunette, de manière que la couche sensible vienne se placer exactement derrière le réticule. Il est clair que la petite image que nous observions tout à l'heure va se peindre sur la plaque sensible, comme dans une chambre photographique ordinaire. De plus, les fils du réticule arrêtent les rayons qui viennent les rencontrer; ils se projettent donc sur la plaque comme des lignes noires d'autant plus nettes qu'ils en sont plus rapprochés. L'examen de l'épreuve, après l'opération, indiquera les points qui se trouvent au milieu du champ, il sera donc possible d'effectuer des mesures angulaires avec la dernière précision. Cet appareil, comme on le voit, est une sorte d'*oculaire photographique;* c'est ainsi que je le désignerai le plus souvent, pour plus de brièveté dans la description des expériences.

Il faut maintenant produire un spectre pur dans le plan du réticule. J'ai employé d'abord un prisme de quartz dont les arêtes sont parallèles à l'axe de cristallisation. Sans doute, comme l'a fait remarquer M. Stokes, on perd ainsi la moitié des rayons incidents, mais l'intensité est toujours suffisante, et l'on évite d'une manière plus sûre les inconvénients de la double réfraction. Les deux spectres obtenus dans cette circonstance sont en partie superposés ; il n'y a pas à s'en préoccuper, parce que nous n'étudierons d'abord que le spectre extraordinaire qui est le plus dévié et présente la plus grande dispersion.

Le goniomètre étant bien réglé par les méthodes connues, c'est-à-dire, la fente du collimateur, l'arête réfringente du prisme et le fil vertical du réticule étant parallèles à l'axe de rotation de la lunette, le plan bissecteur de l'angle réfringent coïncidant avec cet axe, on met dans la lunette un oculaire ordinaire, on amène le prisme dans la position du minimum de déviation qui convient à la raie H, et l'on produit dans le plan du réticule une image nette de l'extrémité lumineuse voisine de cette raie. Alors on augmente un peu la déviation de la lunette, on enfonce légèrement le réticule parce qu'il s'agit de rayons plus réfrangibles, et l'on fait une épreuve avec l'oculaire photographique. L'opération terminée, on regarde l'image obtenue avec une forte loupe ou un microscope peu grossissant, et l'on voit si la région qui avoisine le fil du réticule était bien au point. Si la partie la plus nette de l'épreuve est plus déviée ou moins déviée que le fil vertical, on fait une nouvelle expérience après avoir enfoncé ou retiré le plan du réticule. On arrive ainsi rapidement à produire une image pure des raies auxquelles correspond la déviation de la lunette, après quoi l'on opère de la même manière sur une région voisine.

Mais si l'on remarque que les lentilles sont absolument dépourvues d'achromatisme, et qu'il y a une différence considérable entre les réfrangibilités des rayons rouges extrêmes et des derniers rayons ultra-violets, on conçoit bien que la crémaillère n'aura pas une course assez grande pour amener le réticule dans le plan focal de tous les rayons. En outre, il est important pour la pureté du spectre que l'image virtuelle de la fente soit très-éloignée, c'est-à-dire que la fente soit à peu près au foyer principal du collimateur relatif aux rayons que l'on envisage dans chaque expérience. J'avais apporté au collimateur, pour des expériences dont il sera question plus loin, une modification qui me fut très-utile en cette circonstance. La fente est portée, comme le réticule, par un long tube dont le mouvement est dirigé par une vis et une crémaillère ; on peut ainsi enfoncer ou retirer la fente suivant que les rayons sont plus ou moins réfrangibles, et amener le spectre pur entre les limites de déplacement du réticule. En outre, la fente reste toujours parallèle à sa direction primitive ; on n'est donc pas obligé de la régler de nouveau à chaque déplacement, ce qui serait indispensable si elle était mobile à la main, comme on le fait généralement.

Enfin, il est bon de mettre à chaque fois le prisme dans la position du minimum de déviation ; c'est seulement dans ce cas que la distance virtuelle de la source n'est pas changée par la réfraction, et le spectre y gagne toujours en pureté. D'ailleurs, cette condition, qui n'est pas indispensable pour l'étude du spectre, devient nécessaire quand il s'agit de mesurer la déviation, et, bien que les rayons ultra-violets soient invisibles, on peut toujours la réaliser très-facilement à l'aide de la remarque suivante :

Soit SI (fig. 3), la direction de la lumière incidente, ABC la section droite du prisme placé dans la position du minimum de déviation pour les rayons d'une certaine réfrangibilité, et **OT** la direction de ces rayons à la sortie du prisme ; on a évidemment

$$SIB + BAC + CI'T + TOS' = \pi,$$

ou bien, en appelant **I** l'angle d'incidence, **A** l'angle réfringent et δ la déviation minimum,

$$\frac{\pi}{2} - I + A + \frac{\pi}{2} - I + \delta = \pi.$$

D'où

$$A + \delta = 2I = SIR.$$

L'angle que fait le rayon réfléchi sur la face antérieure du prisme avec la direction de la lumière incidente est donc égal à l'angle réfringent augmenté de la déviation minimum ; quand la déviation minimum variera d'une certaine quantité, la déviation du rayon réfléchi variera dans le même sens d'une quantité égale. Si l'on veut, par exemple, placer le prisme dans la position du minimum pour les rayons dont la déviation est de 30′ plus grande que celle de la raie **H**, on le mettra au minimum pour la raie **H**, et on le déplacera de manière à faire tourner de 30′ la direction du rayon réfléchi.

Le cercle du goniomètre qui m'a servi est divisé en sixièmes de degré ; la lunette porte avec elle, aux extrémités d'un même diamètre, deux verniers dont la graduation donne directement 10″ et permet d'apprécier sûrement 5″ (fig. 8).

Le collodion humide m'a paru la substance impressionnable la plus avantageuse, parce qu'il donne des résultats très-rapides, sans exiger de longues manipulations. Celui que j'employais était un collodion à l'iodure de cadmium, avec un peu de bromhydrate d'ammoniaque ; il était assez sensible

2

pour donner une bonne épreuve photographique en deux ou trois secondes dans les circonstances ordinaires ; le bain révélateur était du sulfate de protoxyde de fer. Avec une fente aussi étroite que celle qui sert à l'observation des raies lumineuses les plus minces, la durée de l'exposition était d'environ $10''$ à $15''$ pour le voisinage de la raie H ; il fallait l'augmenter à mesure qu'on s'éloignait du spectre lumineux, et la limite extrême la plus réfrangible exigeait une minute et demie d'exposition. D'ailleurs, la fente est munie d'une vis qui permet d'en augmenter la largeur pour les rayons dont l'action chimique est plus faible.

Nous pouvons actuellement suivre la marche des expériences. Après avoir fait tomber sur la fente un faisceau de rayons solaires réfléchis par le miroir d'un héliostat, on place le prisme dans la position du minimum de déviation qui convient à la raie H, et l'on produit dans le plan du réticule une image pure de la région qui avoisine cette raie. On déplace la lunette pour observer l'image de la fente réfléchie par la face antérieure du prisme, et l'on note la direction correspondante. Sans doute, le réticule n'est pas situé de manière que l'image réfléchie de la fente soit au point dans la lunette ; mais ce défaut de netteté n'a pas d'inconvénient, parce qu'il n'est pas nécessaire de réaliser la condition du minimum en toute rigueur, le prisme pouvant tourner d'une quantité assez grande, de part et d'autre de cette position, sans qu'il en résulte un changement appréciable des déviations. Il est donc inutile de pointer exactement cette image, d'autant plus que, pendant les mesures, il y aurait souvent de graves inconvénients à déplacer le réticule. On ramène alors la lunette dans la direction du spectre, on met le fil vertical en coïncidence avec la raie H, et l'on procède au tirage d'une épreuve photographique.

On saisit avec une pince une des petites plaques dont il a déjà été question (elles ont environ 12 millimètres de diamètre), et, avec une pipette, on laisse tomber sur une des faces une goutte de collodion. Quand la couche est bien étalée et la surface plane, on plonge la plaque dans un bain d'azotate d'argent (10 pour 100) ; on la reprend avec la pince lorsque le collodion est sensibilisé, et, après avoir enlevé le liquide en excès en posant la face postérieure sur du papier à filtre, on la met dans l'oculaire photographique en la revêtant du couvercle annulaire. On enfonce ensuite cet oculaire dans la lunette de manière que la couche impressionnable se trouve située exactement derrière les fils du réticule ; lorsque la durée de l'exposition est jugée suffisante, on ôte l'oculaire, puis le couvercle annulaire, on enlève la plaque en appuyant le pouce et l'index sur les deux échancrures de la monture, et on la reprend avec la pince. On y verse alors avec des pissettes, d'abord une dissolution de sulfate de fer pour faire apparaître l'image, puis de l'eau distillée pour enlever le sulfate en excès, ensuite une dissolution de cyanure de potassium pour enlever l'iodure non altéré, et enfin de l'eau distillée. L'épreuve est négative, les raies se détachent en blanc sur un fond noir. Dans les conditions de cette expérience, le centre de l'image est parfaitement net, parce que la mise au point s'est faite directement, mais les extrémités présentent déjà des raies plus ou moins confuses.

Pour continuer l'étude du spectre, on fixe la lunette dans une direction qui fait un certain angle, par exemple 20′, et du côté convenable, avec le rayon réfléchi dans l'expérience précédente, et l'on fait tourner le prisme jusqu'à ce que l'image de la fente se forme sur le fil vertical du réticule. On ramène la lunette dans la direction des rayons réfractés, et on lui donne une déviation supérieure aussi de 20′ à la déviation précédente. On enfonce un peu le réticule pour se mettre au point, et l'on recommence une nouvelle expérience. L'examen de l'épreuve à la loupe indique si le centre est parfaitement pur, et, dans le cas contraire, quelle est la région qui présente le plus de netteté. On sait donc s'il y a lieu de déplacer le réticule, et dans quel sens on doit le faire. Quand la crémaillère de la lunette ne permet plus d'amener le réticule dans le plan focal, on y supplée en enfonçant la fente du collimateur. On continue ainsi la série des opérations jusqu'à ce qu'on ait atteint les derniers rayons dont l'action chimique soit appréciable; pour ceux-là, il est bon d'augmenter la largeur de la fente. J'ai essayé de placer, en avant de l'appareil, une lentille convergente en quartz dont le foyer se forme sur la fente; on fait ainsi pénétrer dans le collimateur une plus grande quantité de lumière, mais on ne parvient pas à prolonger le spectre d'une manière bien sensible, et les épreuves perdent considérablement en netteté. Ce défaut est dû aux rayons diffusés, qu'il est impossible d'éviter complétement, malgré le grand nombre d'écrans que j'avais placés dans les tubes de la lunette et du collimateur; en outre, le faisceau incident ayant une plus grande ouverture angulaire, on utilise une trop large surface des lentilles.

Chaque épreuve porte une croix blanche qui est la projection du réticule. Le fil horizontal coupe le spectre en deux parties égales dans toute sa longueur; l'autre est parallèle aux raies, c'est celui dont il importe de fixer la position. Quand une épreuve est bien faite et l'appareil parfaitement réglé, on ne peut distinguer le fil vertical que si l'on a sous les yeux un dessin du spectre, et, même dans ces conditions, il se trouve quelquefois en coïncidence si parfaite avec une des raies, qu'il est impossible de le reconnaître. J'ai essayé d'obvier à cet inconvénient en remplaçant le fil unique par trois fils parallèles très-voisins ; mais, dans ce cas encore, il peut arriver qu'on n'en distingue aucun. En leur donnant une légère obliquité sur les raies, on reconnaît toujours sans difficulté la position du fil central. Si la plaque n'a pas été placée exactement derrière le plan du réticule, la projection des fils forme des raies plus larges immédiatement visibles, mais le pointé ne peut plus se faire avec la même précision.

Pour tracer le dessin du spectre, j'ai collé, sur le porte-objet d'un microscope, un micromètre appartenant à un banc de diffraction. La vis a un demi-millimètre de pas et porte un tambour divisé en 50 parties ; je pouvais sans peine effectuer les mesures à moins de $\frac{1}{200}$ de millimètre, c'est une exactitude presque superflue pour le but que je me proposais. On prend alors deux épreuves voisines, on observe les deux positions du réticule, et l'on prend sur le papier une distance proportionnelle à la différence des déviations correspondantes. On place l'une d'elles sur le micromètre, on la regarde avec un faible grossissement, et, à l'aide du tambour, on amène successivement en coïncidence avec un fil placé dans l'oculaire du miscroscope, un certain nombre des raies les plus remarquables qui se trouvent entre les deux points de repère. On lit, à chaque coïncidence, le déplacement de la vis micrométrique, et l'on porte sur le papier des distances proportionnelles à ces mesures.

L'opération est contrôlée par une autre toute semblable faite sur la seconde épreuve. On continue ainsi de proche en proche jusqu'à ce qu'on ait parcouru toute l'étendue du spectre ultra-violet; quant aux raies intermédiaires, on les place à l'œil entre celles dont la position a été mesurée. Il faut, autant que possible, conserver la forme de chaque groupe et donner à chacune des raies sur le dessin la largeur et l'intensité qu'elle possède dans le spectre; c'est là un travail qui exige beaucoup de temps.

En employant cette méthode (1), j'avais dessiné environ 280 raies situées au delà de H ; c'était déjà un progrès sur le dessin de M. Müller qui n'en contient pas 80, et dans lequel les derniers groupes sont très-confus, mais on peut pousser beaucoup plus loin la finesse des détails. Dans mes expériences sur les radiations chimiques des flammes colorées, j'ai reconnu qu'un prisme de spath, taillé parallèlement à l'axe, transmet les rayons chimiques aussi facilement que le quartz, et permet de les observer mieux, parce qu'il possède une dispersion plus considérable. J'ai trouvé cette observation confirmée dans un travail déjà cité de M. Miller (2) sur la transparence photographique des différents corps. J'ai pu, avec le spath, pousser l'étude du spectre ultra-violet plus loin que je ne l'avais fait d'abord, observer avec détails les groupes très-réfrangibles et dessiner à peu près 700 raies. Avec un prisme de flint très-dispersif, Frauenhofer a marqué dans son dessin 320 raies depuis A jusqu'à H dans le spectre lumineux, il dit en avoir aperçu 600 environ. Si l'on remarque que l'étendue du spectre ultra-violet est peu supérieure à la

(1) Comptes rendus, 9 nov. 1865.
(2) *Phil. trans.*, 1862.

distance des deux raies A et H, on verra que l'on peut atteindre, dans l'observation de ce spectre, une perfection de détails de même ordre que s'il s'agissait de rayons directement visibles.

MM. Becquerel, Stokes, Esselbach ont désigné par des lettres les groupes de raies qu'ils ont découverts en dehors du spectre lumineux ; mais leurs dénominations ne sont pas toujours concordantes, les lettres s'appliquent tantôt à des groupes obscurs, tantôt à des espaces brillants, et leurs dessins sont parfois trop imparfaits pour qu'il soit possible de les reconnaître. J'ai pris pour guide le spectre publié par M. Müller dans son *Traité de physique*, en appliquant chaque lettre à la raie obscure la plus remarquable du groupe qu'elle servait à désigner. Pour rendre la comparaison plus facile, on a rapporté sur la même planche la déviation des deux raies G et H du spectre lumineux dans le rayon ordinaire du même prisme de spath.

Au delà de la raie H (fig. 1), le premier groupe de raies qui attire l'attention a été appelé L par la plupart des physiciens. Ce groupe semble d'abord formé de cinq raies intenses assez rapprochées ; mais, dans un spectre très-dilaté, elles se dédoublent toutes, sauf une seule, la quatrième, qui reste parfaitement mince ; c'est à celle-là que j'ai appliqué la lettre L. Le groupe M, vu grossièrement, semble aussi composé de cinq raies, dont la quatrième seule peut supporter une grande dispersion en restant simple ; je l'ai encore choisie pour la même raison. Entre M et N, il existe un groupe de raies que M. Becquerel avait nommé N ; M. Stokes a employé cette lettre à un autre usage, et la dénomination de M. Becquerel n'a pas prévalu. Le groupe que M. Stokes a désigné

par la lettre N, et que M. Becquerel avait appelé O, est composé de deux raies des plus remarquables ; chacune d'elles
se dédouble facilement en deux autres multiples elles-mêmes,
j'ai appelé N la deuxième raie obscure en partant du violet.
Le groupe O, appelé P par M. Becquerel, se reconnaît aisément ; c'est une série de lignes dont l'intensité va en crois-
sant avec la réfrangibilité, et qui se termine par une raie très-
forte. Le groupe P, au contraire, est formé de lignes dont
l'intensité décroît quand la réfrangibilité augmente ; j'ai appelé P la première du côté du violet. J'ai appelé Q une raie
assez intense située immédiatement au delà d'un espace
brillant auquel M. Esselbach avait appliqué la même dénomination. La ligne R est la plus intense d'un groupe difficile
à subdiviser, et qui produit une large bande obscure dans
les spectres peu dilatés. Quand la dispersion est plus considérable, on peut se servir, pour reconnaître cette raie, d'une
autre raie voisine r extrêmement remarquable. S est la première d'un groupe de quatre grosses raies faciles à reconnaître ; T est de même la première du dernier groupe que
j'ai pu distinguer. Les épreuves photographiques indiquent
bien que l'action se continue encore plus loin, mais il est
difficile d'obtenir de bons résultats au delà de cette limite.

J'ai défini avec beaucoup de soin les raies qui ont reçu
des noms, parce que la comparaison du dessin avec les
épreuves photographiques présente quelquefois des difficultés.
Lorsque la dispersion est faible, les raies se séparent diffi-
cilement ; si le spectre n'est pas d'une grande pureté, les
raies voisines se rassemblent en groupes et produisent de
larges bandes obscures. Au contraire, quand la dispersion
est grande et le spectre très-pur, toutes les raies se sépa-

rent, chacune d'elles se dessine isolément avec son intensité propre et l'aspect de l'image est tout différent; les groupes sont mieux subdivisés, mais on les reconnaît avec plus de peine. Dans un spectre peu étalé, la bande brillante qui se trouve à gauche de Q paraît dépourvue de raies et limitée par deux bandes obscures très-intenses; si le spectre est plus étalé, cet espace blanc se couvre de raies, les bandes voisines se subdivisent en raies distinctes, la teinte générale devient plus uniforme, et il faut un certain effort pour reconnaître le même phénomène dans les deux épreuves. Il peut encore arriver que deux groupes différents composés, l'un de quelques raies intenses, l'autre d'un grand nombre de raies plus faibles, prédominent alternativement suivant que le spectre est plus ou moins confus. Par exemple, le groupe R se compose d'un grand nombre de raies dont l'intensité est assez faible, et il y a un peu plus loin une raie isolée r extrêmement remarquable. Dans un spectre peu étalé ou impur, la raie r disparaît, le groupe R se fusionne et produit une large bande inactive; si la dispersion est plus grande et le phénomène très-pur, le groupe R se subdivise en lignes minces difficiles à reconnaître, tandis que la raie r devient tout à fait prédominante. Il faut donc, pour éviter toute méprise, se familiariser par expérience avec ces aspects différents que présentent les épreuves, suivant la grandeur de la dispersion.

MESURE DES DÉVIATIONS.

La méthode que nous avons employée pour dessiner le spectre n'est pas assez rigoureuse quand il s'agit de mesurer les déviations, il faut alors prendre quelques précautions spéciales. Frauenhofer avait déjà fait remarquer qu'on ne peut pas comparer directement les déviations de deux rayons dont les réfrangibilités sont assez différentes pour exiger un changement de point dans la lunette, quand on passe de l'un à l'autre. Pour faire cette comparaison sans chances d'erreur, il faut avoir recours à une série de rayons intermédiaires assez rapprochés pour qu'il n'y ait pas de changement de point dans l'intervalle de deux mesures consécutives. Cette méthode a cependant un inconvénient, c'est qu'il faut mesurer la déviation absolue d'une raie, en la comparant à la direction du rayon incident; l'incertitude devient encore plus grande si l'on est obligé de toucher de temps en temps à la fente du collimateur, car on est exposé à déplacer la source. La mesure des rayons lumineux se fait aujourd'hui d'une manière un peu différente. On pointe exactement une raie amenée au minimum de déviation vers la droite par exemple, et, sans toucher au réticule, on recommence la même observation à gauche; le déplacement de la lunette donne le double de la déviation minimum de la raie observée, sans qu'il soit nécessaire de viser la fente directement. La seule précaution à prendre est de ne pas toucher au collimateur, dans l'intervalle des deux lectures relatives à la même raie.

Il se présente une nouvelle difficulté pour la mesure des rayons ultra-violets, c'est qu'on ne les voit pas, et qu'il est impossible de pointer exactement le fil du réticule sur la même raie dans les deux épreuves qui se font à droite et à gauche; on y parviendrait sans doute à la suite de plusieurs tâtonnements, mais la méthode suivante, que j'ai employée, est plus rapide et aussi rigoureuse.

Supposons d'abord qu'il s'agisse de mesurer les déviations des raies dans le spectre ordinaire du spath, dont nous avons déjà un dessin très-approché, et proposons-nous de mesurer exactement la déviation de la raie L. On commence par observer une raie du spectre lumineux bien nette et facilement visible, G, par exemple, en ayant soin de noter, à chaque opération, la position de l'image de la fente réfléchie sur la face antérieure du prisme. Le dessin indique que la distance angulaire des raies G et L est d'environ 1° 9′; on enfonce le réticule assez loin pour que la raie L se forme nettement dans son plan; on fait tourner, pour le spectre de droite, l'image réfléchie et la lunette de 1° 9′ vers la droite et l'on tire une épreuve photographique; puis, sans déplacer la crémaillère de la lunette, on recommence à gauche une opération toute semblable. Le fil du réticule n'est pas situé exactement au même point sur les deux épreuves, il ne coïncide pas non plus avec la raie L; on ajoute ou l'on retranche à l'une des lectures le nombre de secondes compris sur le dessin entre les deux positions du réticule, ce qui permet de ramener les deux observations à la même raie et d'en mesurer la déviation minimum. La déviation de la raie L se déduit alors de la précédente par l'addition ou la soustraction d'un certain nombre de secondes indiqué aussi sur le dessin. On continue la même série d'opérations pour la raie suivante, en partant de la dernière mesure effectuée. Il n'est pas nécessaire de légitimer cette manière d'opérer, car les corrections sont toujours très-faibles, et les erreurs que l'on peut commettre en les évaluant sont inférieures à la précision des mesures. D'ailleurs, les positions des raies sur le dessin ont été contrôlées par une série d'expériences semblables à celle qui vient d'être décrite, ce qui permet de faire les corrections en toute sécurité.

La même marche peut servir à mesurer les déviations dans les autres spectres. Une première série d'expériences indique quelles sont à peu près les déviations des différentes raies ; on pourra donc, dans une seconde série, en approcher davantage. Il n'y a de différence à signaler que dans la manière dont on calcule les corrections pour rapporter deux épreuves à la même raie. Pour cela, on prend deux épreuves voisines, du même côté, et l'on divise la différence des déviations correspondantes par le nombre de divisions qui existent sur le dessin entre les deux positions du réticule ; ce rapport indique à combien de secondes équivaut une division du dessin dans le spectre que l'on étudie, et pour la région soumise à l'expérience.

Dans les spectres de réfraction, le rapport des indices d'un rayon varie peu avec la réfrangibilité, les distances des raies sont sensiblement proportionnelles, et il n'est pas nécessaire de faire une première série d'épreuves pour connaître les déviations approchées. La valeur angulaire d'une division du dessin est sensiblement constante, et la même peut servir pour toutes les corrections à faire dans le spectre ultra-violet. Mais, le contraire a lieu dans les spectres des réseaux, où les déviations sont loin d'être proportionnelles à celles d'un spectre prismastique; il était donc utile d'entrer maintenant dans tous ces détails d'expérience, afin de n'avoir pas à y revenir quand il s'agira de mesurer les longueurs d'onde.

J'ai employé encore une autre méthode plus simple. Au lieu de s'astreindre à placer chaque fois le fil du réticule dans le voisinage d'une raie importante, on échelonne dans le spectre une série d'épreuves également distantes, et l'on note avec soin les positions correspondantes sur le dessin. On porte sur une feuille de papier quadrillé des abscisses proportionnelles aux distances des principales raies dans le dessin, et, aux points qui correspondent aux différentes positions du réticule, on élève des ordonnées proportionnelles aux déviations. En joignant ces points par une courbe, on en déduit immédiatement la déviation d'une raie quelconque. La précision n'est pas moindre, car, en représentant une minute par une longueur de 2 millimètres, comme je l'ai fait, on pourra sans erreur en évaluer la sixième partie, c'est-à-dire 10″, et c'est à peu près la précision de l'appareil lui-même.

Il y a même avantage à opérer ainsi, car la régularité de la courbe est une garantie de la valeur des mesures; si une expérience est erronée, on en est averti immédiatement, tandis que, dans une série de nombres, l'erreur peut passer inaperçue, parce qu'il n'y a pas de moyen de contrôle immédiat.

Dans les tableaux qui suivent, les déviations ont été mesurées comme on vient de l'indiquer pour les raies du spectre ultra-violet, et à la manière ordinaire pour celles du spectre lumineux. Les directions d'une même raie déviée au minimem de part et d'autre étant symétriques par rapport à la lumière incidente, on aura la direction de celle-ci en prenant la moyenne des deux positions de la lunette. Si la direction du collimateur n'a pas changé pendant toute une série d'expériences, et si l'axe optique de la lunette est resté le même, cette moyenne doit aussi être constante. Je n'ai jamais omis de faire cette vérification, car il est évident que les séries mériteront plus de confiance quand la direction de la lumière incidente n'aura pas varié d'une manière appréciable. Lorsqu'un changement se manifeste, on en est averti, et la nouvelle direction doit se conserver encore. Si, au contraire, on constate une divergence isolée, elle est due probablement à une erreur d'expérience ; il faut alors vérifier le résultat de nouveau.

Pour les indices des substances biréfringentes, comme le spath et le quartz, j'ai encore trouvé un moyen de vérification très-sensible. Le rapport des deux indices ordinaire et extraordinaire d'une même raie, dans le quartz, varie très-peu et d'une manière continue dans le même sens, quand on passe d'une extrémité du spectre à l'autre. La régularité de variation de ce rapport est encore une garantie de la valeur des indices. Dans le spath d'Islande, le rapport des deux indices varie d'une manière trop rapide avec la réfrangibilité, pour qu'on puisse en tirer une vérification utile ; j'ai pris alors le rapport du carré de l'indice extraordinaire à l'indice ordinaire. Ce rapport paraît sensiblement constant, comme on peut le voir dans le tableau ; les variations affectent sans doute le cinquième chiffre, mais elles ne paraissent suivre aucune loi. D'ailleurs, le spectre extraordinaire du spath est trop peu dévié, et possède une dispersion trop

faible pour que l'on puisse déterminer les indices de réfraction avec une grande précision. Comme on double l'erreur
relative en formant le carré d'un nombre approché, les différences qui se manifestent dans les valeurs du rapport précédent sont donc comprises dans les limites des erreurs d'expérience.

Dans un prisme de quartz, taillé parallèlement à l'axe, les
deux spectres ne sont pas complétement séparés comme
dans le spath; le bleu et le violet du spectre ordinaire,
moins dévié, se confondent avec le rouge du spectre extraordinaire. Pour mesurer les déviations des raies situées dans
la région commune aux deux spectres, il suffit, comme l'a
fait Rudberg, de placer un polariseur en avant de la fente
et d'éteindre celui des deux spectres qu'on ne veut pas observer. J'ai employé le même artifice pour mesurer les raies
du spectre lumineux, mais il m'a été impossible d'éteindre
ainsi le rayon extraordinaire quand j'ai voulu étudier le
spectre ultra-violet du rayon ordinaire. Quelle que fût l'orientation du polariseur, je n'obtenais dans la lunette qu'une
bande noire qui éteignait en même temps les parties com-
munes des deux spectres. Cette particularité, qui m'avait
d'abord étonné, tient à ce que les lentilles sont en quartz, et
que la lumière incidente les traverse dans la direction de l'axe
de cristallisation; elles font tourner le plan de polarisation
d'une quantité variable avec la couleur, de sorte que le faisceau qui sort du collimateur n'est plus polarisé dans un plan.
Il faudrait donc placer le prisme de Nicol entre le collimateur et le prisme réfringent, mais, comme je n'ai pas pu
faire cette installation d'une manière commode, j'ai remplacé la lentille du collimateur par une lentille achromatique

en verre, sauf à perdre une partie du spectre que je ne pouvais obtenir.

Voici le résumé des expériences faites sur les deux spectres du quartz et du spath d'Islande. La raie H est difficile à viser directement; les nombres relatifs à cette raie proviennent d'expériences photographiques qui me paraissent susceptibles d'une plus grande exactitude. Je n'ai pu mesurer les raies extrêmes S et T que dans le spectre ordinaire du spath, et, à cause de la lentille de verre, je n'ai atteint que la raie P dans le spectre ordinaire du quartz. J'ai mis en regard, dans une colonne spéciale, les indices des raies du spectre lumineux déterminés par Rudberg (1); on voit qu'ils diffèrent très-peu de ceux que j'ai obtenus. J'ai rapporté aussi les indices du rayon ordinaire dans le quartz, d'après M. Esselbach. Toutefois, ces derniers offrent un moindre intérêt : ils paraissent inexacts pour le spectre lumineux, et M. Esselbach n'a pas défini avec assez de précision les raies du spectre ultra-violet auxquelles se rapportent ses observations, pour qu'il soit possible d'établir une comparaison entre ses résultats et les miens.

(1) *Pogg. annalen.*, t. XIV.

Spath d'Islande.

ANGLE DU PRISME $= 60°20''$.

Rayon ordinaire.

RAIES.	DÉVIATION.	INDICE	INDICE d'après Rudberg.
A	51°11′55″	1,65013	»
a	51°21′	1,65162	»
B	51°29′10″	1,65296	1,65308
C	51°38′20″	1,65446	1,65452
D	52° 2′55″	1,65846	1,65850
E	52°34′15″	1,66354	1,66360
b (1)	52°39′55″	1,66446	»
F	53° 1′30″	1,66793	1,66802
G	53°53′20″	1,67620	1,67617
H	54°38′20″	1,68330	1,68330
L	55° 2′20″	1,68706	»
M	55°19′	1,68966	»
N	55°49′40″	1,69441	»
O	56°23′ 5″	1,69955	»
P	56°44′ 5″	1,70276	»
Q	57° 6′15″	1,70613	»
R	57°42′ 5″	1,71155	»
S	58°10′25″	1,71580	»
T	58°34′30″	1,71939	»

Rayon extraordinaire.

RAIES.	DÉVIATION.	INDICE.	INDICE D'APRÈS RUDBERG.	$\dfrac{n_e^2}{n_o}$
A	35°42′40″	1,48285	»	1,33253
B	35°49′	1,48409	1,48391	1,33247
C	35°52′20″	1,48474	1,48455	1,33243
D	36° 1′35″	1,48654	1,48635	1,33243
E	36°13′30″	1,48885	1,48868	1,33251
F	36°23′45″	1,49084	1,49075	1,33256
G	36°43′40″	1,49470	1,49453	1,33285
H	36°59′35″	1,49777	1,49780	1,33269
L	37° 8′ 5″	1,49941	»	1,33263
M	37°14′	1,50054	»	1,33260
N	37°24′30″	1,50256	»	1,33244
O	37°36′30″	1,50486	»	1,33248
P	37°43′55″	1,50628	»	1,33248
Q	37°51′50″	1,50780	»	1,33252
R	38° 4′50″	1,51028	»	1,33268

(1) La plus réfrangible du groupe b.

5

Quartz.

ANGLE DU PRISME $= 60°$ 1′ 20″.

Rayon ordinaire.

RAIES.	DÉVIATION.	INDICE.	INDICE d'après Rudberg.	INDICE d'après Esselbach.
A	40° 40′ 35″	1,53902	»	»
a	40° 45′ 50″	1,54018	»	»
B	40° 50′ 20″	1,54099	1,54090	1,5414
C	40° 55′ 10″	1,54188	1,54181	1,5424
D	41° 7′ 55″	1,54423	1,54418	1,5446
E	41° 23′ 55″	1,54718	1,54711	1,5476
b	41° 26′ 45″	1,54770	»	»
F	41° 37′ 25″	1,54966	1,54965	1,5500
G	42° 2′ 40″	1,55429	1,55425	1,5546
H	42° 23′ 50″	1,55816	1,55817	1,5586
L	42° 34′ 45″	1,56019	»	1,5605
M	42° 42′ 15″	1,56150	»	1,5621
N	42° 56′	1,56400	»	1,5646
O	43° 10′ 50″	1,56668	»	1,5674
P	43° 20′ 30″	1,56842	»	1,5690
Q	»	»	»	1,5702
R	»	»	»	1,5737

Rayon extraordinaire.

RAIES.	DÉVIATION.	INDICE.	INDICE d'après Rudberg.	$\dfrac{n_e}{n_o}$.
A	41° 29′	1,54812	»	1,00591
a	41° 34′ 50″	1,54919	»	1,00585
B	41° 39′ 20″	1,55002	1,54990	1,00587
C	41° 44′ 25″	1,55095	1,55085	1,00588
D	41° 57′ 40″	1,55338	1,55328	1,00592
E	42° 14′	1,55636	1,55631	1,00593
b	42° 17′ 10″	1,55694	»	1,00597
F	42° 28′ 20″	1,55897	1,55894	1,00604
G	42° 54′ 30″	1,56372	1,56365	1,00607
H	43° 16′ 30″	1,56770	1,56772	1,00613
L	43° 27′ 50″	1,56974	»	1,00612
M	43° 36′	1,57121	»	1,00622
N	43° 50′ 30″	1,57381	»	1,00628
O	44° 6′	1,57659	»	1,00633
P	44° 15′ 10″	1,57822	»	1,00625
Q	44° 25′	1,57998	»	»
R	43° 40′ 30″	1,58273	»	»

DÉTERMINATION

DES

LONGUEURS D'ONDE DES RAYONS LUMINEUX ET DES RAYONS ULTRA-VIOLETS.

HISTORIQUE.

La théorie des ondulations, généralement adoptée aujourd'hui, repose sur cette hypothèse que les phénomènes lumineux sont produits par les vibrations d'un milieu élastique, appelé éther, qui pénètre tous les corps et qui est répandu dans les espaces planétaires ; ces vibrations se propagent par ondes successives, comme les vibrations sonores, mais avec une vitesse beaucoup plus grande. On appelle *longueur d'onde* la distance de deux ondes consécutives : c'est l'espace parcouru par la lumière pendant une période, c'est-à-dire pendant le temps que met une molécule d'éther à effectuer une vibration entière. On a donc :

$$\lambda = \mathrm{V}t$$

en appelant V la vitesse de propagation, λ la longueur d'onde, et t la durée de la période.

La couleur d'un rayon de lumière est essentiellement caractérisée par la durée de sa période. Les observations d'Arago sur les étoiles changeantes ont démontré qu'il n'y a pas de dispersion dans le vide, toutes les couleurs s'y propagent avec la même vitesse ; comme l'indice de réfraction de l'air atmosphérique est extrêmement faible, la dispersion dans l'air est aussi inappréciable. La longueur d'onde d'un rayon lumineux, dans le vide ou dans l'air, est donc proportionnelle à la durée de la période correspondante.

Dans ses belles expériences sur les couleurs des lames minces transparentes, Newton a remarqué que les anneaux brillants formés par la lumière réfléchie sur une mince couche d'air comprise entre deux surfaces de verre, l'une plane, l'autre convexe, ont des diamètres différents suivant la couleur de la lumière incidente. « On se conforme bien à l'observation « si l'on dit que les différentes épaisseurs de l'air entre les « verres, dans les endroits où les anneaux sont formés suc- « cessivement par les limites des sept couleurs suivantes, le « rouge, l'orangé, le jaune, le vert, le bleu, l'indigo, le vio- « let, sont entre elles comme les racines cubiques des carrés « de huit longueurs d'une corde de musique, qui rendent les « notes d'une octave, ré, mi, fa, sol, la, si, ut, ré, c'est-à- « dire comme les racines cubiques des carrés des nombres

$$1, \frac{8}{9}, \frac{5}{6}, \frac{3}{4}, \frac{2}{3}, \frac{3}{5}, \frac{9}{16}, \frac{1}{2} \ (1).\text{ »}$$

La méthode employée par Newton pour faire ces mesures consistait à éclairer successivement l'appareil avec les diffé-

____

(1) *Traité d'optique*, liv. II, part. I.

rentes couleurs du spectre, en donnant aux rayons incidents une inclinaison telle qu'ils fussent toujours réfléchis vers l'œil de l'observateur, lequel restait immobile. Le tableau suivant donne, en millionièmes de pouce anglais, les épaisseurs de la lame d'air qui correspond au milieu de l'anneau brillant du premier ordre pour chacune des couleurs.

Rouge extrême.	6,344
Orangé rouge.	5,866
Jaune orangé.	5,618
Vert jaune.	5,237
Bleu vert.	4,841
Indigo bleu.	4,513
Violet indigo.	5,323
Violet extrême.	3,997

Ces nombres, qui représentent pour Newton les intervalles des accès de facile réflexion, doivent être interprétés autrement dans la théorie des ondulations : ce sont les quarts des longueurs d'onde. On a pu ainsi déduire des expériences de Newton les valeurs suivantes, exprimées en millionièmes de millimètre, pour les longueurs d'onde des rayons qui séparent les différentes couleurs du spectre, et pour les longueurs d'onde moyennes des couleurs elles-mêmes :

Rouge extrême.	645	Rouge.	620
Orangé rouge.	596	Orangé.	553
Jaune orangé.	571	Jaune.	551
Vert jaune.	532	Vert.	521
Bleu vert.	492	Bleu.	475
Indigo bleu.	459	Indigo.	449
Violet indigo.	439	Violet.	423
Violet extrême.	406		

La plupart des phénomènes d'interférence peuvent être utilisés dans le même but ; Fresnel a ainsi déterminé la longueur d'onde de la lumière rouge que laissait passer le verre coloré dont il faisait usage dans ses expériences (1). Mais, après la découverte des raies du spectre solaire, il devenait nécessaire de définir avec plus de précision les rayons auxquels se rapportaient les longueurs d'onde mesurées, et Frauenhofer a trouvé dans la diffraction de la lumière au travers des réseaux, un phénomène qui se prête admirablement à ce genre de déterminations.

Quand un faisceau de rayons solaires pénètre dans une chambre obscure par une fente étroite, et tombe ensuite sur un réseau formé d'ouvertures rectangulaires très-étroites parallèles à la fente, égales entre elles et séparées par des intervalles opaques égaux entre eux, il se produit de chaque côté de la lumière incidente une série de spectres plus ou moins déviés et dispersés, suivant les dimensions des mailles du réseau. Si le réseau est assez fin et qu'on reçoive les rayons diffractés sur une lunette disposée de manière à voir nettement à la distance de la fente, on peut distinguer les mêmes raies obscures que dans un spectre solaire produit par la réfraction à travers un prisme.

Dans un premier mémoire (2), Frauenhofer s'est surtout attaché à déterminer les lois du phénomène : ses expériences sont admirables sous ce rapport, et les résultats auxquels il est arrivé, pour la direction des rayons diffractés, peuvent se résumer dans la formule suivante, lorsque la lumière incidente est normale au plan du réseau :

(1) *Mémoires de l'Institut*, 1821 et 1822, t. V.
(2) Schumacher's, *Astronomische Abhandlungen*, 2ᵉ partie.

$$\sin \theta^{(n)} = \frac{n\lambda}{\varepsilon},$$

dans laquelle λ est la longueur d'ordre d'un rayon, n l'ordre du spectre observé, $\theta^{(n)}$ la déviation du rayon dans ce spectre, et ε la somme des épaisseurs du trait transparent et du trait opaque dans le réseau.

Cette formule peut servir comme on le voit, à la détermination de la longueur d'onde. Les réseaux dont Frauenhofer s'est servi d'abord étaient formés de fils métalliques très-minces enroulés sur deux vis parallèles, de manière à constituer un grillage à mailles extrêmement rapprochées. Il obtenait des réseaux plus parfaits encore en recouvrant des plaques de verre d'une feuille d'or, qu'il entrecoupait de lignes droites parallèles équidistantes. Les moyennes de ses premières expériences ont donné pour les longueurs d'onde dans l'air des principales raies du spectre solaire, les valeurs suivantes exprimées en pouce de Paris :

$$B = 0^{\mathrm{p}},00002541$$
$$C = 0\ ,00002425$$
$$D = 0\ ,00002175$$
$$E = 0\ ,00001943$$
$$F = 0\ ,00001789$$
$$G = 0\ ,00001585$$
$$H = 0\ ,00001451$$

Toutefois, cette première série ne comporte pas une grande précision, car les nombres qui proviennent des expériences isolées ne sont pas très-concordants, et les différences atteignent quelquefois 4 unités du troisième chiffre significatif. Les ouvertures des réseaux n'étant pas assez resserrées, la dispersion du premier spectre était trop faible pour que les

déviations pussent se mesurer avec une grande exactitude.
On ne peut pas avoir recours aux spectres suivants, car ils
empiètent les uns sur les autres, et les raies ne s'y distin-
guent plus avec assez de netteté.

Frauenhofer l'avait reconnu lui-même; il a donc entrepris
de nouvelles expériences pour déterminer spécialement les
valeurs des longueurs d'onde (1). Dans les réseaux métalliques les plus fins qu'il ait pu construire, la valeur de ε était
de $0^{pouce},001952$ et la déviation de la raie D dans le premier
spectre n'atteignait que 38′ 19″,3. Il a tracé sur une feuille
d'or un réseau dont les traits étaient seulement écartés de
$0^{pouce},00114$ et qui donnait des spectres très-nets; mais il ne
put les rapprocher davantage sans enlever complétement la
feuille d'or. Il essaya encore de substituer à celle-ci une
mince couche de graisse sur laquelle il parvint à tracer des
lignes dont l'écartement était moitié moindre, mais, quelque
graisse ou vernis dont il fit usage, il ne put dépasser cette
limite, qui était loin de le satisfaire.

Enfin, en gravant sur la surface même du verre avec une
pointe de diamant, il réussit à construire deux réseaux dans
lesquels les lignes, tout en conservant une régularité suffisante pour produire les spectres les plus purs, étaient écar-
tées seulement de $0^{pouce},0005919$ dans l'un, et dans l'autre de
$0^{pouce},0001223$. Les lignes de ce dernier étaient trop rapprochées pour qu'il parvînt à les distinguer avec les meilleurs
microscopes; mais le nombre des traits avait été compté par
la machine elle-même, et les deux traits extrêmes marqués
plus profondément; on pouvait donc les voir, mesurer leur

(1) *Gilbert's annalen*, t. LXXIV.

distance et en déduire l'écartement de deux traits consécutifs.

Frauenhofer a surtout observé avec soin le premier spectre, parce que les raies perdent de leur netteté dans les suivants; la dispersion était aussi grande que celle qu'on obtient avec les meilleurs prismes, et la raie D y était si bien dédoublée qu'on pouvait mesurer l'écartement des deux lignes dont elle est formée. Le cercle du théodolite dont il s'est servi donnait $4''$ en permettant de répéter les angles, et la déviation de la raie D dans le premier spectre était de $10°$ $14'\ 31''$. On voit par là que les mesures pouvaient atteindre une très-grande précision; d'ailleurs Frauenhofer, qu'il faut considérer comme le meilleur juge de ses expériences, croit que l'incertitude n'atteint pas un millième de la valeur des longueurs d'onde. Voici les nombres qui résultent de cette nouvelle série d'expériences :

$$C = 0^{p},00002422$$
$$D = 0\ ,00002175$$
$$E = 0\ ,00001945$$
$$F = 0\ ,00001794$$
$$G = 0\ ,00001587$$
$$H = 0\ ,00001464$$

Frauenhofer n'a jamais observé la raie A, il n'a même pas pu voir nettement la raie B dans sa seconde série, et il se proposait de reprendre la mesure de cette raie avec des réseaux plus fins encore; mais ce projet n'a pas été mis à exécution.

Le second réseau sur verre présentait une singularité frappante. Quoique les déviations des raies fussent les mêmes de part et d'autre de la lumière incidente, les spectres étaient beaucoup plus intenses d'un côté que de l'autre. Frauenhofer supposa que la pointe du diamant avait été placée obliquement à la lame de verre et que les deux bords de chaque trait n'étaient pas également définis, bien qu'il fût impossible d'y reconnaître au microscope aucune forme particulière, à cause de leur extrême ténuité. Il confirma par expérience cette manière de voir, car il traça un réseau sur une couche de graisse en tenant le burin oblique au plan de la couche, et obtint des phénomènes tout à fait semblables. Cette dissymétrie d'un réseau m'a paru intéressante à signaler, parce que j'aurai bientôt à décrire des phénomènes plus irréguliers encore, et que j'avais cru observer pour la première fois.

M. Babinet (1) a publié en France les résultats de la première série d'expériences de Frauenhofer. En les multipliant par le nombre 27,070 qui exprime le rapport du pouce au millimètre, il a obtenu les valeurs des longueurs d'onde exprimées en fraction de millimètre; si l'on multiplie par le même coefficient les nombres de la deuxième série, on déduit donc des expériences de Frauenhofer deux séries de valeurs pour les longueurs d'onde des différentes raies.

Le dernier mémoire de Frauenhofer paraît avoir été peu connu en France et en Allemagne, car on y emploie toujours les nombres de la première série, qui présente évidemment moins de garanties. Les physiciens anglais, au contraire, ont, à l'exemple d'Herschel (2), adopté la deuxième série, en prenant seulement dans la première le nombre qui correspond à la raie B. Le tableau suivant donne les valeurs des longueurs d'onde qui résultent des expériences de Frauenhofer ; on a pris pour unité le millième de millimètre.

(1) *Annales de chimie et de phys.*, t. XL, 1829.
(2) *Traité de la lumière.*

	1re série.	2e série.
B.	0,6878	»
C.	0,6565	0,6556
D.	0,5888	0,5888
E.	0,5260	0,5268
F.	0,4843	0,4859
G.	0,4291	0,4296
H.	0,3928	0,3963

La connaissance des longueurs d'onde est cependant de la plus grande importance dans un grand nombre de recherches d'optique physique ; il est donc assez étonnant que, depuis plus de quarante ans, aucun physicien n'ait songé à compléter la deuxième série de Frauenhofer, et à vérifier si les valeurs qu'elle renferme doivent être définitivement acceptées.

M. Esselbach (1) a essayé de déterminer, à l'aide des réseaux, la longueur d'onde des raies du spectre ultra-violet, rendu visible par la méthode d'Helmholtz; il ne put obtenir de spectres assez intenses, et eut recours au phénomène suivant, observé pour la première fois par Talbot (2). Si l'on produit dans une lunette un spectre assez pur pour que les raies soient visibles, et si l'on place au devant de l'œil une mince plaque transparente de façon qu'elle recouvre seulement une moitié de la pupille, on aperçoit une série de bandes que M. Airy (3) a expliquées par l'interférence des rayons qui, ayant traversé la plaque transparente, viennent se réunir sur la rétine avec d'autres rayons qui ont traversé l'air. Si le bord rectiligne de la plaque est parallèle aux raies de Frauenhofer, les bandes de Talbot leur sont également

(1) *Poggendorf's annalen*, t. XCVIII. — *Ann. de chim. et de phys.*, t. L.

(2) *Phil. mag.*, vol. X.

(3) *Phil. tans.*, 1840.

parallèles, et, entre deux points du spectre correspondant à des longueurs d'onde λ et λ_1, il y a un nombre m de bandes qui est donné par la formule suivante :

$$m = a\left(\frac{n_1 - 1}{\lambda_1} - \frac{n - 1}{\lambda}\right)$$

où a est l'épaisseur de la plaque, n et n_1 les indices de réfraction de cette plaque pour les lumières dont les longueurs d'onde sont λ et λ_1. Il suit de là que si λ, n, n_1 et a sont connus, il suffira de déterminer m pour calculer λ_1.

Pour n'avoir pas à mesurer les indices de réfraction d'une lame à faces parallèles, ce qui présente beaucoup de difficultés, M. Esselbach a choisi une plaque de quartz de $0^{mm},195$ d'épaisseur, inclinée de $33°$ sur son axe, et il a compté le nombre des bandes qui existaient entre deux raies principales consécutives du spectre, depuis la raie B jusqu'à la raie R. Il a ensuite mesuré les indices de réfraction de ces diverses raies dans le quartz, et, en supposant connues deux longueurs d'onde, l'une pour servir de point de départ, l'autre pour calculer l'épaisseur de la plaque indépendamment de toute mesure micrométrique, il a pu déterminer les longueurs d'onde des principales raies du spectre lumineux et du spectre ultra-violet.

J'ai déjà insisté sur le peu de précision avec laquelle M. Esselbach a mesuré les indices de réfraction des rayons lumineux, et surtout des rayons ultra-violets ; les mêmes causes d'erreur se reproduisent ici, car les nombres de bandes comptées entre deux raies déterminées ne sont pas suffisamment concordants. En outre, M. Esselbach a pris pour point de départ la première série de Frauenhofer, et, dans cette série, la longueur d'onde de la raie H qui paraît la plus défectueuse. Ces expériences ne peuvent donc pas servir à contrôler utilement les résultats de Frauenhofer ; elles sont néanmoins très-intéressantes comme procédé de mesure pour les rayons ultra-violets, et, à ce titre, je donnerai le tableau suivant des valeurs qu'en a déduites M. Esselbach :

$$
\begin{aligned}
&B = 0{,}6874 \\
&C = 0{,}6564 \quad \text{d'après Frauenhofer.} \\
&D = 0{,}5886 \\
&E = 0{,}5260 \\
&F = 0{,}4845 \\
&G = 0{,}4287 \\
&H = 0{,}3929 \quad \text{d'après Frauenhofer.} \\
&L = 0{,}3791 \\
&M = 0{,}3657 \\
&N = 0{,}3498 \\
&O = 0{,}3360 \\
&P = 0{,}3290 \\
&Q = 0{,}3232 \\
&R = 0{,}3091
\end{aligned}
$$

En même temps que je faisais mes recherches, M. F. Bernard déterminait de son côté les longueurs d'onde des rayons lumineux, en observant les bandes d'interférence produites par des rayons dont la différence de marche est considérable.

L'une de ses méthodes consiste dans l'emploi d'une plaque de spath parallèle à l'axe, de 1 millimètre d'épaisseur environ, interposée entre deux prismes de Nicol croisés à angle droit, de manière que l'axe de la plaque soit à 45° des sections principales des deux prismes.

Si on analyse avec un spectroscope le faisceau lumineux à la sortie de cet appareil, on voit le spectre sillonné d'un grand nombre de bandes obscures produites par l'interférence du rayon ordinaire avec le rayon extraordinaire. Le nombre de bandes qui existent entre deux points du spectre est donné par la formule

$$m = a\left(\frac{\delta}{\lambda} - \frac{\delta'}{\lambda'}\right)$$

dans laquelle δ et δ' sont les différences entre les indices ordinaires et extraordinaires de deux raies dont les longueurs d'onde sont λ et λ'.

Dans une seconde méthode, M. Bernard a utilisé un cas particulier d'interférence dont M. Airy et M. Stokes s'étaient déjà occupés au point de vue du calcul. La marche des expériences et du calcul est la même que celle qu'a suivie M. Esselbach ; mais M. Bernard a imaginé plusieurs modifications qui rendent le phénomène beaucoup plus net, et qui permettent d'effectuer les mesures avec une grande exactitude. La différence de marche était produite par une plaque de quartz de 1 millimètre d'épaisseur, taillée parallèlement à l'axe.

Les plaques étant beaucoup plus épaisses que celles de M. Esselbach, le nombre des bandes était plus considérable. En outre, M. Bernard en a mesuré directement les épaisseurs au sphéromètre, ce qui lui a permis de ne supposer connue qu'une seule longueur d'onde pour servir de point de départ à ses calculs ; il a choisi celle de la raie D, pour laquelle les mesures de Frauenhofer sont en effet très-concordantes. Cette méthode n'est pas encore à l'abri de toute objection ; car elle suppose connue une longueur d'onde, et on ignore quelle est au juste celle des deux raies D que Frauenhofer a voulu mesurer. En admettant que la valeur 0,5888 se rapporte au milieu du groupe D, ou à la raie la plus réfrangible,

M. Bernard a obtenu les deux séries de valeurs suivantes, qu'il a bien voulu me communiquer :

RAIES.	1re SÉRIE.	2e SÉRIE.
A	0,7602	0,7606
B	0,6865	0,6869
C	0,6557	0,6561
D	0,5888 (1)	0,5888 (2)
E	0,5266	0,5268
F	0,4858	0,4859
G	0,4305	0,4306
H	0,3967	0,3968

(1) Le milieu du groupe.
(2) La plus réfrangible.

Malgré l'incertitude qui provient de la longueur d'onde initiale, ces résultats paraissent très-approchés, et ils s'accordent bien avec ceux de Frauenhofer.

OBSERVATIONS SUR L'EMPLOI DES RÉSEAUX.

La méthode des réseaux que j'ai employée, à l'exemple de Frauenhofer, est encore celle qui paraît comporter la plus grande précision, si l'on parvient à obtenir des spectres très-dispersés. En effet, le calcul d'une longueur d'onde dans les dernières expériences de M. Bernard exige que l'on connaisse :

1° Une longueur d'onde qui sert de point de départ ;
2° Le nombre de franges qui existent entre deux raies ;
3° Les indices de réfraction de ces deux raies ;
4° L'épaisseur de la plaque.

Et, si l'on remarque que la mesure des indices entraîne la mesure de l'angle d'un prisme, on voit que, sans tenir compte de la longueur d'onde initiale, chaque résultat exige cinq expériences distinctes qui apportent avec elles leurs causes d'erreur. Si la valeur initiale est inexacte, l'erreur commise se conserve dans les calculs et affecte tous les résultats; on ne peut même obtenir les rapports des longueurs d'onde qu'à condition que celle qui a servi de point de départ ait été rapportée au millimètre avec lequel on a mesuré l'épaisseur de la plaque. Sans doute la longueur d'onde de la raie D paraît bien connue; mais, comme on le verra plus loin, j'ai rencontré de telles difficultés à contrôler les valeurs absolues des résultats de Frauenhofer, que j'ai accepté aussi le nombre 5888, fût-il inexact.

Pour mesurer une longueur d'onde avec les réseaux, il suffit de connaître la déviation du rayon et l'intervalle de deux traits consécutifs du réseau, et l'erreur commise sur l'évaluation de cet intervalle n'affecte que les valeurs absolues des longueurs d'onde sans altérer leurs rapports. Si l'on admet l'une d'elles comme point de départ, ces rapports seront donnés par les rapports des sinus de deux déviations, et seront indépendants de l'erreur commise sur la première longueur adoptée. La seule condition à réaliser est donc que les déviations soient mesurées avec une grande exactitude.

Dans le second mémoire déjà cité, Frauenhofer étudie la manière dont l'obliquité de la lumière incidente influe sur la direction des rayons diffractés; mais toutes ses mesures se rapportent au cas où le rayon incident est perpendiculaire au plan du réseau. Cette orientation du réseau présente certaines difficultés d'expérience; sans doute elle n'a pas besoin d'être réalisée en toute rigueur quand on mesure le double de la déviation en visant la même raie des deux côtés, mais, si l'on ne peut pas observer de cette manière, il devient absolument nécessaire de le rendre perpendiculaire, parce que la plus faible obliquité influe sur la déviation simple. Si, en outre, on est obligé de déplacer fréquemment le réseau, comme dans les expériences que j'aurai à décrire, il faudrait à chaque instant le régler de nouveau.

Heureusement j'ai pu tourner cette difficulté en utilisant un minimum de déviation que j'ai remarqué par hasard et qui s'explique aisément par le calcul. M. Babinet (1), à qui l'on doit une démonstration élémentaire du phénomène des réseaux, a montré que le premier spectre se produit dans la direction pour laquelle il y a concordance entre les vibrations des rayons qui ont traversé les ouvertures du réseau en des points homologues; les rayons qui ont ainsi traversé deux ouvertures voisines ont une différence de marche égale à une longueur d'onde. Soit donc AB (fig. 4) le plan du réseau, SI et S′ I′ deux rayons incidents voisins que nous supposons parallèles, IR, I′ R′ les rayons diffractés qui produisent le premier spectre, la différence de marche IP + IQ devra être égale à une longueur d'onde. Si l'on appelle i et r les angles du rayon incident et du rayon diffracté avec la normale au plan du réseau, ε la somme II′ d'une ouverture et d'une partie opaque, on aura donc

$$\varepsilon \sin i + \varepsilon \sin r = \lambda,$$

ou bien

$$\lambda = \varepsilon(\sin i + \sin r).$$

(1) Mémoire cité.

La déviation D est égale à $i+r$, on peut donc écrire :

$$\lambda = \varepsilon[\sin i + \sin (D - i)] = 2\varepsilon \sin \tfrac{1}{2} D \cos \left(i - \frac{D}{2}\right).$$

La déviation varie avec l'angle d'incidence, mais, comme le second membre est constant, le facteur $sin\ \tfrac{1}{2} D$ sera minimum quand le facteur $cos\ \left(i - \dfrac{D}{2}\right)$ sera égal à l'unité, c'est-à-dire quand on aura

$$i = \frac{D}{2};$$

d'où l'on déduit aussi

$$r = \frac{D}{2}.$$

Les spectres des réseaux ont donc un minimum de déviation, comme les spectres prismatiques, et ce minimum a lieu quand le plan du réseau est bissecteur de l'angle que forme le rayon incident avec le rayon diffracté. L'expression de la longueur d'onde change alors ; elle devient, en appelant Δ la déviation minimum,

$$\lambda = 2\varepsilon \sin \frac{\Delta}{2}.$$

Il n'est donc plus nécessaire de placer le réseau normalement, il suffit de l'amener dans la direction qui correspond au minimum de déviation.

Cette position a d'autres avantages encore. Nous avons supposé jusqu'ici la lumière incidente composée de rayons parallèles, mais il n'en est jamais ainsi, soit qu'on se serve d'une fente éloignée, soit qu'on emploie un collimateur, lequel n'est jamais parfaitement achromatique. Si les rayons sont divergents en tombant sur le réseau, ils sont encore divergents à la sortie, et on peut calculer la position de la source virtuelle des rayons diffractés.

Soient (fig. 5) deux rayons SI, SI' partis du point S et tombant sur le réseau en deux points homologues de deux ouvertures voisines, les rayons diffractés IR, I'R' sembleront émaner d'une source située en S', et, pour qu'ils concourent à produire le premier spectre, il faudra que l'on ait

$$(1) \qquad \sin i + \sin r = \frac{\lambda}{\varepsilon}.$$

En appelant D et D', p et p', les distances des points S et S' au point I et au plan du réseau, on aura

$$(2) \qquad HK = p' \operatorname{tang} r + p \operatorname{tang} i.$$

Pour les deux rayons considérés, HK, p' et p sont des constantes, on obtient donc en différentiant les équations (1) et (2),

$$0 = \cos i \,.\, di + \cos r \,.\, dr,$$
$$0 = p' \frac{dr}{\cos^2 r} + p \frac{di}{\cos^2 i}$$

D'où, en éliminant di et dr,

$$\frac{p}{p'} \,.\, \frac{\cos r}{\cos i} = \frac{\cos^2 i}{\cos^2 r}.$$

On a d'ailleurs

$$D = \frac{p}{\cos i}, \quad D' = \frac{p'}{\cos r},$$

D'où enfin

$$\frac{D'}{D} = \frac{p'}{p} \cdot \frac{\cos i}{\cos r} = \frac{\cos^2 r}{\cos^2 i}$$

$$D' = D \cdot \frac{\cos^2 r}{\cos^2 i}.$$

La source virtuelle des rayons diffractés n'est donc pas à la même distance du réseau que la source elle-même, si ce n'est dans le seul cas où $i = r$, c'est-à-dire pour le minimum de déviation.

Il n'est pas sans intérêt d'observer dans la position du minimum de déviation, car la netteté des raies dans les spectres de diffraction, comme dans les spectres prismatiques, doit augmenter quand on observe dans le voisinage du minimum de déviation. Si la lunette était parfaitement achromatique, on pourrait viser la fente directement, et, dans la position du minimum, on verrait nettement, sans changement de point, les raies des spectres diffractés.

Dans les réseaux tracés sur verre au diamant, les rayons sont obligés de traverser une certaine épaisseur de verre, avant ou après la diffraction, suivant que la face striée est tournée du côté de l'observateur ou du côté de la source. Ils se réfractent dans la lame sous une incidence oblique, mais on conçoit aisément que cette réfraction n'influe pas sur la direction des rayons diffractés. En effet, deux rayons parallèles y parcourent des chemins absolument égaux, leur différence de marche est due uniquement aux chemins qu'ils suivent dans l'air, et tout se passe comme si la lame réfringente n'existait pas. Mais s'il arrive que les deux faces de la lame ne soient pas exactement parallèles, comme dans le réseau dont j'ai fait usage, on peut supposer qu'on rétablit le parallélisme en appliquant sur la face non striée un petit prisme de même substance et de même angle tourné en sens contraire. La déviation des rayons diffractés est donc diminuée d'un côté et augmentée de l'autre, de la quantité dont ils se réfracteraient dans ce prisme. L'erreur disparaît encore quand on mesure le double de la déviation en observant à droite et à gauche sans déplacer le réseau, mais je ne pouvais pas opérer ainsi, il a donc fallu la corriger.

L'angle A du biseau formé par les deux faces de la lame de verre était d'ailleurs extrêmement petit, la raie D y était déviée d'environ 15''; comme les angles d'incidence n'atteignent jamais 9°, on peut admettre sans erreur appréciable que tous les rayons subissent le même déplacement, et faire cette correction de 15'' à toutes les déviations observées.

ÉTUDE D'UN RÉSEAU DE NOBERT (1).

Le réseau dont je me suis servi a été construit par Nobert; il est formé de lignes tracées au diamant sur une lame de verre, et assez rapprochées pour que la déviation de la raie D dans le premier spectre soit d'environ 15°. Comme le goniomètre me permettait d'apprécier 5'', j'espérais obtenir des résultats dans lesquels les incertitudes seraient seulement de l'ordre des dix-millièmes; mais, dès les premiers essais, j'ai été arrêté par des difficultés inattendues.

Supposons qu'on place le réseau sur la plate-forme du goniomètre, de manière que la face striée passe par l'axe de

(1) Ce réseau appartenait à M. Voigt, qui me l'a prêté avec beaucoup d'obligeance; il est actuellement au cabinet de physique de l'École normale.

l'instrument, que les traits du réseau, la fente du collimateur et le fil du réticule soient parallèles à cet axe, et que la face striée soit tournée du côté de l'observateur. Supposons encore que la fente soit bien au foyer principal du collimateur et que la lunette soit réglée pour voir nettement à l'infini ; éclairons la fente avec la lumière solaire, plaçons le réseau dans la position qui convient au minimum de déviation des rayons moyens du premier spectre, et amenons la lunette dans la direction de ces rayons. D'après tout ce qui a été dit plus haut, il doit se former dans le plan du réticule un spectre parfaitement pur, dont l'énorme dispersion permettra de voir la plupart des raies de Frauenhofer. Malheureusement, l'expérience ne réussit pas aussi bien ; le phénomène est très-confus, on distingue à peine les raies les plus intenses, et encore n'ont-elles pas leur aspect ordinaire ; la raie F paraît double, les trois raies du groupe b semblent s'être multipliées, et la plupart des raies intermédiaires sont invisibles. Les apparences sont à peu près les mêmes des deux côtés du rayon incident; on ne peut pas songer à faire des observations précises.

Quand on déplace l'oculaire dans un sens ou dans l'autre, les raies ne se produisent plus nettement dans le plan du réticule et disparaissent peu à peu ; mais j'ai vu un jour disparaître le phénomène précédent, et lui en succéder un autre qui s'améliorait de plus en plus à mesure qu'on retirait davantage l'oculaire. La course de la crémaillère n'étant pas assez grande pour qu'on le vit avec netteté, j'ai éloigné la fente du collimateur, et alors il s'est produit dans la lunette un spectre extrêmement pur dans lequel on distinguait une multitude de raies. L'appareil étant ainsi disposé, si on transporte la lunette dans le spectre symétrique de l'autre côté, on n'aperçoit plus aucune raie. Pour les voir dans ce cas, il faut au contraire enfoncer beaucoup l'oculaire, ou bien produire un effet analogue en rapprochant la fente du collimateur. L'appareil ne comportant pas un déplacement de la fente assez grand pour arriver à un bon résultat, j'ai fait scier le tube du collimateur et placer une longue crémaillère, mue par une vis, qui permît de donner une grande course aux mouvements de la fente, sans qu'elle cessât d'être parallèle à l'axe de l'instrument. J'ai obtenu encore un spectre d'une pureté irréprochable.

Changeons maintenant l'ordre des faces du réseau, le phénomène qui se produisait tout à l'heure à la gauche de l'observateur a lieu maintenant à sa droite, et réciproquement, de sorte qu'on peut mesurer la double déviation d'une raie en la visant d'abord dans le spectre de droite, et puis en la visant à gauche, après avoir placé en arrière la face du réseau qui se trouvait en avant. On conçoit que j'aie hésité à déterminer les valeurs des longueurs d'onde par l'observation d'un réseau qui présente une dissymétrie aussi bizarre, d'autant plus que les déviations des raies dans le nouveau spectre ne sont pas les mêmes que dans le premier.

Pour étudier le réseau, j'ai renoncé à la lumière du soleil, qui est trop complexe, et j'ai eu recours à la lumière sensiblement homogène que l'on obtient en volatilisant du sel marin dans le dard d'un chalumeau à gaz tonnants. Malgré la grande quantité de lumière perdue dans la diffraction, cette source est assez intense pour que l'on puisse observer et mesurer les raies dans les différents spectres ; je suis parvenu ainsi à déterminer expérimentalement toutes les circonstances de ce curieux phénomène.

Le bec du chalumeau était placé dans une cheminée en tôle communiquant avec l'extérieur, pour soustraire l'appareil à l'action des vapeurs produites ; cette cheminée portait une fenêtre fermée par une lame de mica, et une échancrure qui permettait de porter dans la flamme une allumette en bois imprégnée de sel marin. Le collimateur était placé en face de la fenêtre, dans la direction du dard.

Pour plus de brièveté dans la description que je vais faire, je supposerai implicitement que la course de l'oculaire n'est pas limitée. En réalité, il n'en est pas ainsi ; mais, si un phénomène se produit dans la lunette en dehors des limites que puisse atteindre le plan du réticule, plus près ou plus loin de l'objectif, on le ramènera entre ces limites en rapprochant ou en éloignant la fente du collimateur.

Supposons la fente située au foyer principal du collimateur, les rayons seront parallèles à la sortie ; plaçons le réseau R (fig. 6) perpendiculairement à la lumière incidente, de manière que la face striée soit tournée vers l'observateur, et mettons la lunette au point pour l'infini en visant directement la fente. Si on amène alors la lunette en L, dans la direction du premier spectre diffracté vers la droite de l'observateur, on aperçoit, en α, avec la plus grande netteté, les deux raies brillantes bien connues de la soude. Comme elles se forment au foyer principal de la lunette, on voit qu'elles proviennent de rayons qui étaient parallèles après la diffraction ; elles constituent donc le premier spectre ordinaire du réseau. Mais à gauche, on aperçoit, en β, deux autres raies moins pures, que l'on peut mettre au point en enfonçant un peu l'oculaire. Comme elles ont absolument la même forme, elles constituent là un deuxième spectre qui ne provient plus de rayons parallèles à la sortie du réseau, et qui est un peu moins dévié que ne l'indique la théorie. En rapprochant encore l'oculaire de l'objectif, on rencontre plus loin, en γ, un troisième groupe tout semblable, dont la déviation est intermédiaire entre les deux précédentes, et qui indique la présence d'un troisième spectre provenant aussi de rayons convergents après la diffraction. Au delà de α, on n'aperçoit plus rien.

Observons maintenant vers la gauche, en L'; les mêmes apparences se reproduisent dans un autre ordre. On retrouve le spectre régulier en α', au foyer principal de la lunette ; le moins dévié est situé cette fois en β', un peu plus loin que le précédent, et le troisième en γ', à une grande distance des deux premiers. Il n'y a rien entre α' et L'.

La diffraction par réflexion donne des résultats semblables aux précédents, et symétriques par rapport au plan du réseau. Il y a, dans les rayons diffractés vers la droite, trois spectres en α''', β''', γ''', situés à des distances de l'objectif absolument égales aux distances des trois spectres α, β, γ. Il se passe aussi vers la gauche, en α'', β'', γ'', les mêmes phénomènes qu'en α', β', γ'.

Si on tourne, comme dans la figure 7, la face striée du réseau vers le collimateur, on obtient des résultats symétriques des précédents par rapport à la direction des rayons incidents. Il y a toujours un spectre régulier au foyer principal de la lunette, en α, α', α'', α''' ; on retrouve vers la gauche tout ce qui se passait précédemment vers la droite, et inversement. Enfin, toutes ces raies ont à peu près la même intensité.

Donc, quand un faisceau parallèle de rayons homogènes tombe sur ce réseau, la portion diffractée se partage en trois

faisceaux à peu près égaux, l'un parallèle, les deux autres
convergents ou divergents suivant le sens dans lequel a lieu
la diffraction. Il est à peine nécessaire d'ajouter que si la
lumière incidente est convergente ou divergente, les trois
spectres α, β, γ sont transportés ensemble plus près ou plus
loin de l'objectif de la lunette, et se succèdent toujours dans
le même ordre; c'est précisément ce qui permet de les aper-
cevoir sans difficulté.

Les spectres dissymétriques β et β' paraissent dus à la même
cause agissant en sens contraires des deux côtés du rayon incident; il en est de même pour les spectres γ et γ', et on peut le
vérifier par la mesure des variations de foyer correspondantes.
Nous avons vu que la distance de l'image virtuelle de la
source n'est pas changée par la diffraction quand on observe
au minimum de déviation; si l'on constate un changement
de point, il est dû uniquement à la cause qui a produit le
spectre anormal. Le changement de foyer de l'image β est
trop faible pour être bien mesuré; la troisième image γ se
prête beaucoup mieux à cette détermination.

J'ai déterminé d'abord les distances des objectifs de la lunette et du collimateur à des points fixes marqués sur les
tubes en face des crémaillères, j'ai évalué ensuite en millimètres le pas des crémaillères et gradué les vis de rappel,
afin de connaître facilement, dans chaque expérience, le
nombre de dents et de fractions de dent dont les crémaillères
ont été déplacées (fig. 8).

Supposons d'abord qu'on vise directement la fente, appe-
lons F et f les distances focales principales du collimateur et
de la lunette, D la distance de la fente à l'objectif du collimateur, D' sa distance virtuelle quand les rayons ont traversé

l'objectif, et enfin δ la distance de l'image à l'objectif de la lunette. Comme D′ est toujours assez grand, on peut négliger la distance des deux objectifs, et on a

$$\frac{1}{D} - \frac{1}{D'} = \frac{1}{F}$$

$$\frac{1}{D'} + \frac{1}{\delta} = \frac{1}{f}$$

D'où

$$\frac{1}{D} + \frac{1}{\delta} = \frac{1}{F} + \frac{1}{f}$$

Une expérience a donné $D = 220^{mm}, \delta = 281^{mm}$.
Par suite,

$$\frac{1}{F} + \frac{1}{f} = \frac{1}{220} + \frac{1}{281} = \frac{1}{123,4}.$$

Mais si on interpose le réseau, comme dans la fig. 6, et qu'on observe le spectre de droite amené au minimum de déviation, l'image γ se forme à une distance Δ de l'objectif de la lunette plus petite que δ. L'effet produit par le réseau, outre la diffraction, est donc le même que s'il était remplacé par une lentille convergente, et, si on appelle φ la distance focale principale de cette lentille, on aura, comme précédemment,

$$(1) \qquad \frac{1}{D} + \frac{1}{\Delta} = \frac{1}{F} + \frac{1}{f} + \frac{1}{\varphi} = \frac{1}{123,4} + \frac{1}{\varphi},$$

Pour le spectre de gauche, le réseau agit comme une lentille divergente, et la distance focale principale φ_1 de cette lentille satisferait à l'équation suivante, dans laquelle D_1 et Δ_1 représentent les nouvelles valeurs des distances représentées précédemment par D et de Δ.

$$(2) \qquad \frac{1}{D_1} + \frac{1}{\Delta_1} = \frac{1}{F} + \frac{1}{f} - \frac{1}{\varphi_1} = \frac{1}{123,4} - \frac{1}{\varphi_1}.$$

La connaissance de D, D_1, Δ, Δ_1, permet donc de calculer φ et φ_1.

Une expérience a donné

$$D = 207^{mm},6, \qquad \Delta = 277^{mm},4.$$

En substituant ces valeurs dans l'équation (1), on en tire

$$\varphi = 3182 \text{ millimètres.}$$

Dans une seconde expérience, où le changement de point était de sens contraire, on avait

$$D_1 = 229^{mm}, \qquad \Delta_1 = 292^{mm},6;$$

ce qui donne, d'après la formule (2),

$$\varphi_1 = 3175 \text{ millimètres.}$$

Ces deux mesures sont très-concordantes. Il en résulte donc que le réseau, en produisant le spectre γ par diffraction, agit de plus comme une lentille convergente ou divergente dont la distance focale principale serait d'environ $3^m,18$ pour les raies brillantes du sodium.

On peut maintenant se rendre compte de ce qui se passe avec la lumière solaire. Les deux spectres α et β se produisent dans des plans si rapprochés qu'on les voit en même temps; ils se superposent complétement à cause de la petite différence des déviations, il n'est donc pas étonnant que la plupart des raies deviennent invisibles, et que les plus intenses paraissent doublées. Quant au troisième spectre γ, il se forme à une grande distance des deux premiers; le changement de point considérable qu'il exige permet de l'isoler davantage et de rendre les raies bien visibles. On ne peut donc observer avec la lumière solaire qu'un seul des trois spectres, et malheureusement c'est un spectre anormal.

J'ai cherché longtemps l'explication théorique de cette dissymétrie singulière, en supposant une certaine courbure aux sillons tracés sur la lame de verre; mais je n'ai pu y réussir, et j'ai essayé alors d'en déterminer les lois expérimentales, afin de pouvoir utiliser, pour la mesure des longueurs d'onde, les observations faites sur le spectre qui semble s'écarter le plus de la théorie ordinaire.

Avec une source de lumière homogène, comme les vapeurs de sel marin, on mesure aisément les déviations du spectre régulier α, car on peut viser à droite et à gauche sans changer le point de la lunette, et en laissant la face striée tournée du même côté; le déplacement du rayon causé par l'inclinaison des faces de la lame n'a alors aucun effet. J'ai remarqué aussi que le défaut de centrage de la face striée, quand il est faible, n'influe pas d'une manière appréciable sur la déviation.

La mesure des spectres β et γ ne peut pas se faire de la même manière. On tourne d'abord, comme dans la fig. 6, la face polie du réseau vers le collimateur, on l'amène dans la direction qui convient au minimum de déviation vers la droite, on vise une des raies du spectre β par exemple, et on note la position de la lunette. On fait alors tourner le réseau face pour face, comme dans la fig. 7, et on peut observer la déviation minimum vers la gauche, car la lunette se trouve au point pour le même spectre β. On obtient ainsi le double de la déviation minimum, augmenté ou diminué du double de la déviation causée par l'inclinaison des faces de la lame, car le retournement du réseau a répété deux fois l'erreur, au lieu de la faire disparaître. On recommence une opération toute semblable sur la même raie, en changeant le sens du réseau, c'est-à-dire en tournant cette fois la face striée vers le collimateur pour l'observation de droite. L'erreur commise sera la même que précédemment, mais en sens contraire, et la moyenne des deux résultats donnera exactement le double de la déviation minimum. La différence des nombres ainsi obtenus est toujours très-sensiblement égale à $1'$; il en résulte que le biseau, formé par les deux faces de la lame produit une déviation d'environ $15''$. On opère de la même manière pour le spectre γ; seulement, dans ce cas, la mise au point exige qu'on déplace la fente, pour passer d'une expérience à l'autre.

Dans ces deux spectres irréguliers, le défaut de centrage de la face striée a une influence très-sensible, la déviation augmente ou diminue suivant le sens de l'excentricité ; il faut y prendre garde dans la comparaison des résultats.

La double raie brillante du sodium coïncide, comme on le sait, avec la double raie D du spectre solaire. On obtient ainsi les valeurs suivantes pour le double de la déviation minimum de ces deux raies dans les trois spectres, lorsque la face striée est centrée aussi rigoureusement que possible.

	SPECTRE α.	SPECTRE β.	SPECTRE γ.
D............	$29°57'5''$	$29°51'20''$	$29°54'45''$
D'..........	$29°59'$	$29°53'10''$	$29°56'35''$

On voit que le spectre régulier est toujours le plus dévié.
Pour savoir comment varient les différences que présentent
les autres déviations avec la théorie, quand on change la
nature des rayons incidents, j'ai eu recours aux raies brillantes
produites par la volatilisation des métaux. Comme le chalumeau à gaz ne donne pas une lumière assez intense pour ce
genre d'expériences, j'ai employé une pile électrique de
40 éléments Bunsen, entre les pôles de laquelle je plaçais la
substance à volatiliser, soit un métal, soit un sel métallique.
Les raies sont alors très-brillantes, et on peut mesurer leurs
déviations dans les trois spectres.

Le tableau suivant donne les doubles déviations ainsi déterminées. On remarquera peut-être que le nombre relatif à la
raie D′ dans le spectre irrégulier ne s'accorde pas avec celui
qui a été donné plus haut ; cette différence tient à ce que la
face striée n'était pas bien centrée, mais on a eu soin de ne
pas déplacer le réseau pendant toute la série des expériences.

RAIES.	SPECTRE α.	SPECTRE γ.	DIFFÉRENCE $\alpha - \gamma$.	RAPPORT des sinus des demi-déviations.
Lithium (raie rouge)	34° 8′25″	34° 1′10″	7′15″	1,00353(1)
Lithium (raie orange)	31° 2′55″	30° 56′15″	6′20″	1,00339
Sodium (D′)	29° 59′	29° 52′50″	6′10″	1,00342
Argent (1ʳᵉ raie verte)	27° 46′55″	27° 41′25″	5′30″	1,00332(3)
Thallium	27° 11′40″	27° 6′ 5″	5′35″	1,00345
Argent (2ᵉ raie verte)	26° 28′25″	26° 23′	5′25″	1,00340
Magnésium (la moins réfrangible du groupe *b*)	26° 20′37″	26° 15′15″	5′22″	1,00337
Zinc 1ʳᵉ raie	24° 26′25″	24° 21′25″	5′	1,00340
— 2ᵉ raie	23° 59′20″	»	»	»
— 3ᵉ raie	23° 46′27″	»	»	»
Bismuth (raie bleue)	23° 59′27″	23° 54′32″	4′55″	1,00342
Lithium (raie bleue)	25° 23′	25° 18′	5′	1,00356(2)
Etain (raie bleue)	22° 58′55″	22° 54′15″	4′40″	1,00338

Je n'ai rapporté que les mesures relatives au spectre γ, parce que c'est le seul qui doive me servir dans la suite. Les raies ont été placées dans l'ordre des longueurs d'onde décroissantes, afin de montrer plus nettement la manière dont varie la différence entre les déviations des deux spectres. On voit que cette différence croît avec la longueur d'onde et à peu près proportionnellement. Les expériences (1) et (2) sont celles qui présentent le plus grand désaccord avec cette loi; mais, comme les raies ne sont pas très-intenses, l'observation en était difficile. J'ai donc admis que les longueurs d'onde déterminées par l'observation du spectre irrégulier conservent entre elles les mêmes rapports. Si cette proportionnalité n'est pas rigoureuse en théorie, elle est au moins très-approchée, et, comme les corrections sont assez faibles, l'erreur qu'on peut commettre en l'adoptant est évidemment inférieure aux erreurs d'expérience. D'ailleurs, j'ai placé dans une quatrième colonne les rapports des longueurs d'onde calculées pour chaque raie par la mesure du spectre régulier et du spectre irrégulier; il suffit pour cela de prendre le rapport des sinus du quart des angles inscrits dans les deux premières colonnes. On obtient ainsi un nombre sensiblement constant, car les valeurs les plus discordantes (2) et (3) diffèrent de 2 dix-millièmes seulement, et proviennent d'expériences qui paraissent un peu inexactes en sens contraires.

Il me semble maintenant qu'on peut tirer parti de ce réseau en l'appliquant à l'étude de la lumière solaire, et qu'on est parfaitement autorisé à accepter les rapports des longueurs d'onde déterminées par l'observation du spectre irrégulier. L'excentricité de la face striée n'a même pas d'influence sensible, car plusieurs séries d'expériences faites sur la lumière solaire avec des défauts de centrage assez grands ont toujours donné les mêmes rapports.

DÉTERMINATION DES LONGUEURS D'ONDE.

Raies brillantes de quelques métaux.

Avant d'aller plus loin, nous pouvons mettre à profit les expériences qui précèdent et déterminer une longueur d'onde qui servira de point de départ. Frauenhofer ne dit pas explicitement quelle est celle des deux raies D sur laquelle ont porté ses mesures ; comme il n'a pu les dédoubler qu'une fois, il est probable qu'il visait le milieu du groupe. J'ai donné déjà le double des déviations de ces deux raies dans le spectre normal ; ces nombres sont les moyennes de dix expériences dont les plus discordantes différaient seulement de 15″, ils peuvent donc être considérés comme exacts à moins de 5″ d'erreur. Si l'on en prend le quart, et qu'on appelle ε la distance de deux traits du réseau, les longueurs d'onde correspondantes seront

$$\lambda_D = 2\varepsilon \sin(7°29'16'')$$
$$\lambda_{D'} = 2\varepsilon \sin(7°29'45''),$$

et l'erreur commise sur ces nouveaux angles doit être inférieure à 2″.

Pour connaître la valeur de ε, il a fallu compter le nombre des traits du réseau et mesurer la largeur de la couche divisée. J'ai essayé de compter les traits en plaçant le réseau sur le porte-objet d'un microscope puissant dont l'oculaire portait un réticule, et en déplaçant le plan du réseau à l'aide d'une vis micrométrique, afin de faire passer tous les traits un à un sous le fil du réticule. Mais le mouvement de ce grillage uniforme composé d'une multitude de lignes très-voisines ne tarde pas à affecter l'œil d'une manière insupportable; la vue se brouille, les lignes paraissent s'agiter vivement, et bientôt le phénomène est tout à fait confus. J'ai été obligé d'imaginer un autre moyen. Les traits du réseau sont terminés à l'une de leurs extrémités sur une ligne bien droite; mais, à l'autre extrémité, il y a eu de petites écailles de verre microscopiques enlevées par le diamant, de sorte que les traits s'arrêtent plus ou moins loin. J'ai dessiné avec soin au miscroscope la figure formée par toutes ces inégalités, et j'y ai choisi un grand nombre de points de repère. Il suffit alors de placer deux points de repère dans le champ du microscope et de compter le nombre de traits qu'ils renferment; on continue de même entre deux points de repère voisins et l'on ajoute tous les nombres partiels. L'opération est très-longue, mais elle se fait sans fatigue; elle est d'ailleurs très-sûre parce que les points de repère sont fixes et qu'on peut toujours vérifier les résultats. J'ai recommencé cette mesure en changeant les points de repère, et j'ai trouvé deux fois le nombre 2519; il y a donc 2518 intervalles de traits.

J'ai mesuré l'étendue de la couche striée avec un microscope construit par M. Brunner; le porte-objet est mû par une vis micrométrique dont le pas est de $\frac{1}{5}$ de millimètre, et dont le tambour est divisé en 200 parties; la graduation donne donc le millième de millimètre. J'ai trouvé ainsi le nombre $5^{mm},702$. M. Froment a eu l'obligeance de mesurer lui-même la largeur de cette couche avec ses appareils, et l'a trouvée égale à $5^{mm},714$. Ces deux nombres diffèrent de $\frac{1}{800}$; si l'on remplace dans la formule précédente ε par $\frac{5702}{2518}$ ou par $\frac{5714}{2518}$, on en déduit pour la longueur d'onde de la raie D les deux valeurs

$$0^{mm},0005902$$
$$0^{mm},0005915.$$

Les expériences de Frauenhofer conduisent au nombre $0^{mm},0005888$. Un tel désaccord dans les résultats peut tenir à des causes très-différentes. Rien n'est plus difficile que de connaître rigoureusement la valeur du millimètre ; l'un au moins de ceux dont je me suis servi est inexact, et on ignore si le pouce de Frauenhofer était rapporté à la règle de Borda. Je laisserai donc à des savants plus autorisés le soin de résoudre cette difficulté et de déterminer en millimètres la longueur d'onde *absolue* de la raie D ; il faudra pour cela déterminer la valeur exacte des petites divisions du mètre. J'ajouterai même que la question n'offre pas un très-grand intérêt pour les usages de l'optique, parce que ce sont surtout les rapports des longueurs d'onde qu'il importe de connaître. J'adopterai la valeur précédente pour la raie la plus réfrangible du groupe, et toutes les autres mesures seront rapportées à celle-là. On peut en déduire alors la longueur d'onde de la raie voisine D', ce qui donne

$$\lambda_D = 0^{mm},0005888$$
$$\lambda_{D'} = 0^{mm},00058943$$

D'où

$$\frac{\lambda_{D'} - \lambda_D}{\lambda_D} = \frac{63}{5888} = \frac{1}{930}.$$

M. Fizeau (1) a trouvé ce rapport égal à $\frac{1}{983}$, à l'aide d'expériences qui permettaient de l'évaluer avec une très-grande approximation. Du reste, d'après la précision des mesures, la valeur que je donne n'est pas approchée à plus de $\frac{1}{15}$ et, en la multipliant par $\frac{14}{15}$, on trouve la fraction $\frac{1}{996}$ plus petite que celle de M. Fizeau.

Le tableau d'expériences de la page 63 nous permet aussi de calculer les longueurs d'onde d'un certain nombre de raies brillantes. Il suffit de prendre pour chaque raie le rapport du sinus de la demi-déviation au sinus de la demi-déviation de la raie D, et de multiplier ce rapport par le nombre 5,888. On obtient ainsi, en ne se servant que des mesures faites sur le spectre normal, les nombres suivants dans lesquels on a pris pour unité le millième de millimètre :

RAIES.	DEMI-DÉVIATION minimum.	RAPPORT du sinus au sinus de la demi-déviation de la raie D.	LONGUEUR d'onde.
Lithium (raie rouge).....	8° 32′ 6″	1,1389	0,67058
— (raie orange....	7° 45′ 39″	1,0363	0,61015
D....................	7° 29′ 16″	1	0,5888
Argent (1ᵣₑ raie verte)....	6° 56′ 44″	0,92795	0,54638
Thallium...............	6° 47′ 55″	0,90842	0,53488
Argent (2ᵉ raie verte).....	6° 37′ 6″	0,88444	0,52076
Magnésium (la moins ré- frangible du groupe *b*)..	6° 35′ 9″	0,88011	0,51821
Zinc (1ʳᵉ raie)............	6° 6′ 36″	0,81678	0,48092
— (2ᵉ raie)...........	5° 59′ 50″	0,80175	0,47207
— (3ᵉ raie)...........	5° 56′ 37″	0,79461	0,46788
Bismuth (raie bleue).....	5° 59′ 52″	0,80183	0,47212
Lithium (raie bleue).....	5° 50′ 45″	0,78159	0,4602
Etain (raie bleue).......	5° 44′ 44″	0,76823	0,45233

(1) *Annales de chim. et de phys.*, t. **LXVI**, p. 436.

Dans le mémoire déjà cité, **M.** Fizeau a déterminé aussi la
longueur d'onde de la raie rouge du lithium à laquelle il as-
signe la valeur 0,6703, peu différente, comme on le voit, de
celle que j'ai trouvée par une mesure directe. J'ai essayé
aussi d'observer avec ce réseau la raie rouge extrême du
potassium ; mais la dispersion est trop grande, et je n'ai pas
pu obtenir assez d'intensité pour faire une mesure exacte.

Raies obscures de la lumière solaire.

Je n'ai plus maintenant qu'à ajouter quelques mots pour
indiquer la marche des expériences avec la lumière solaire.
On dispose la fente pour que le spectre γ soit visible à gauche
de l'observateur, par exemple, lorsque la face striée du réseau
est tournée vers le collimateur, comme dans la fig. 7. On
pointe exactement une raie et l'on note la position de la lunette
pour le minimum de déviation. On fait tourner alors le réseau
face pour face, et, sans déplacer le réticule, on vient observer
vers la droite, comme dans la fig. 6, le minimum de déviation de la même raie qui est restée au point. La différence
des deux positions de la lunette donne le double de la déviation minimum de cette raie ; on recommencera la même opération pour toutes les autres raies que l'on veut mesurer, en
changeant le foyer de la lunette, si c'est nécessaire, pour
passer d'une raie à la suivante. Dans ce cas, l'angle observé
est trop faible, il faudrait y ajouter le double de la déviation
causée par le biseau de la lame de verre, c'est-à-dire 30″.
On peut, du reste, éliminer cette correction en faisant une

autre série de mesures sur le spectre γ' ce qui exige qu'on éloigne convenablement la fente. Alors la face striée sera tournée vers le collimateur (fig. 7) pour l'expérience de droite, vers la lunette (fig. 6) pour celle de gauche, et l'angle observé sera trop grand de 30″; la moyenne des deux résultats donnera donc la déviation exacte. Il est bon de faire ainsi deux séries d'expériences, car les nombres relatifs à une même raie doivent présenter une différence constante de 1′ environ ; c'est donc un moyen de contrôler la valeur des mesures. Le rapport de la longueur d'onde d'une raie à la longueur d'onde de la raie D s'obtient, comme précédemment, par le rapport du sinus de la demi-déviation correspondante au sinus de la demi-déviation de la raie D prise dans la même série.

Il est difficile de faire passer la face striée du réseau rigoureusement par l'axe de l'appareil, et nous avons vu que cette excentricité influe d'une manière notable sur la déviation des spectres irréguliers. Mais cette variation affecte toutes les mesures de quantités proportionnelles aux longueurs d'onde elles-mêmes, car les rapports ne changent pas d'une manière appréciable. Il est donc inutile de s'astreindre à centrer le réseau exactement.

Je n'ai pas pu observer la raie A, mais les raies C et B se voient très-nettement. Pour bien voir le rouge le plus dévié, il y a avantage à placer sur le trajet des rayons solaires, avant leur entrée dans le collimateur, une solution de chromate de potasse. On élimine ainsi les rayons violets qui appartiennent aux spectres suivants et qui empiètent sur le rouge du premier.

Quant aux raies du spectre ultra-violet, on les mesure

comme dans les spectres prismatiques ; il suffit de remplacer les lentilles de verre par des lentilles de quartz. L'image réfléchie de la fente sur la face antérieure de la lame n'est pas assez déviée pour qu'on puisse l'observer avec la lunette ; elle ne peut donc pas servir à placer le réseau dans la position du minimum. J'ai employé pour cela l'image d'une petite fente pratiquée dans un autre contrevent de la chambre obscure ; ici, comme précédemment, l'image réfléchie doit tourner dans un sens ou dans l'autre de la quantité dont la déviation minimum augmente ou diminue entre deux expériences.

Je n'ai pas besoin non plus d'expliquer comment on ramène à la même raie les deux expériences de droite et de gauche, et comment on déduit la déviation d'une raie déterminée des mesures faites sur les raies voisines. J'ai surtout trouvé très-commode de construire une courbe ayant pour abscisses les déviations des raies dans le spectre ordinaire du spath et pour ordonnées les déviations correspondantes dans le spectre du réseau. On trouve ainsi rapidement et avec beaucoup d'exactitude les déviations des raies comprises entre deux expériences.

Avec les épreuves photographiques, j'ai pu à peine atteindre la raie R, il m'a été impossible de mesurer les raies S et T ; j'ai attribué d'abord cet insuccès à l'absorption exercée sur les rayons ultra-violets par la lame de verre, mais je n'ai pas mieux réussi en observant le spectre de réflexion.

Voici le résumé des expériences :

RAIES.	RAPPORT DU SINUS DE LA 1/2 DÉVIATION au sinus de la 1/2 déviation de D.	LONGUEUR D'ONDE.
B	1,16622	0,68667
C	1,11425	0,65607
D	»	0,5888
E	0,894667	0,52678
b	0,877295	0,51655
F	0,825341	0,48596
G	0,731574	0,43075
H	0,673777	0,39672
L	0,648607	0,38190
M	0,633288	0,37288
N	0,608050	0,35802
O	0,584256	0,34401
P	0,570686	0,33602
Q	0,558016	0,32856
R	0,539657	0,31775

Je n'ai pas rapporté dans ce tableau les déviations des différentes raies, parce que ces déviations ne sont pas constantes. J'ai déjà dit qu'il est difficile de placer toujours le réseau exactement dans l'axe de l'appareil, et que l'excentricité influe sur la déviation d'une manière très-sensible. La seule chose qui ne semble pas varier d'une quantité appréciable, ce sont les rapports des sinus des demi-déviations, c'est-à-dire les rapports des longueurs d'onde.

La déviation de la raie D, qui sert de point de comparaison, doit être déterminée avec une grande précision dans chaque série d'expériences, parce qu'une erreur commise sur cette mesure aurait pour effet d'altérer tous les rapports ; comme la distance de la raie voisine D′ est très-sensiblement égale à 1′, on avait soin de l'observer chaque fois, ce qui fournissait un moyen de vérification très-précieux.

Les résultats que j'ai donnés sont les moyennes de dix séries d'expériences assez concordantes pour que je les croie exactes à moins d'une demi-unité du quatrième chiffre significatif, si ce n'est peut-être pour les derniers rayons ultra-violets, dont l'observation est plus difficile. Toutefois, j'ai conservé le cinquième chiffre, afin d'indiquer le sens dans lequel a lieu l'approximation du chiffre précédent, quand on se borne aux quatre premiers.

On voit encore que ces nombres sont tous un peu supérieurs à ceux qui résultent du second mémoire de Frauenhofer. Frauenhofer ne dit pas d'une manière explicite quelle est celle des deux raies D à laquelle se rapportent ses mesures ; mais il est probable, d'après cela, qu'il visait le milieu du groupe au lieu de viser la raie la plus réfrangible, à laquelle il avait cependant appliqué cette lettre, dans son dessin du spectre solaire.

Je n'ai pas pu observer la raie A de l'extrême rouge, ni les raies S et T de l'autre extrémité du spectre. M. Helmholtz (1) avait déjà trouvé pour la longueur d'onde de la raie A, la valeur 0,7617 ; j'avais moi-même obtenu un nombre plus fort, 0,768, en admettant. d'après M. Kirchhoff, la coïncidence de cette raie avec la raie rouge du potassium (2). Depuis cette époque, M. Kirchhoff a reconnu que la raie du potassium a un indice de réfraction plus faible,

<hr>

(1) *Journal l'Institut.* **18** juin **1856**.
(2) *Comptes rendus.* — Janvier **1863**.

et, par suite, une longueur d'onde plus grande que la raie A. La valeur 0,7606, à laquelle M. F. Bernard est parvenu à la suite d'expériences très-bien faites, paraît devoir être acceptée.

FIN.

TABLE DES MATIÈRES.

Paris — Imprimé par E. THUNOT ET Cᵉ, 26, rue Racine.

Fig. 1.
Fig. 2.
Fig. 3.
Fig. 4.
Fig. 5.
Fig. 6.
Fig. 7.
Fig. 8.

www.ingramcontent.com/pod-product-compliance
Ingram Content Group UK Ltd.
Pitfield, Milton Keynes, MK11 3LW, UK
UKHW022100170726
13837UKWH00003B/1026